W 乌兰县希里沟镇地震小区划

ULANXIAN XILIGOUZHEN DIZHEN XIAOQUHUA

杨丽萍　主　编

苏　旭　副主编

地震出版社

图书在版编目（CIP）数据

乌兰县希里沟镇地震小区划 / 杨丽萍主编 . — 北京：地震出版社，2019.11

ISBN 978-7-5028-5112-5

Ⅰ . ①乌…　Ⅱ . ①杨…　Ⅲ . ①地震区划 — 研究报告 — 乌兰县　Ⅳ . ① P315.5

中国版本图书馆 CIP 数据核字（2019）第 232947 号

地震版　XM4445

乌兰县希里沟镇地震小区划

杨丽萍　主　编

苏　旭　副主编

责任编辑：刘　丽

责任校对：王忠东　凌　樱

出版发行：**地 震 出 版 社**

北京市海淀区民族大学南路 9 号　　　　邮编：100081
发行部：68423031　68467993　　　　传真：88421706
门市部：68467991　　　　　　　　　　传真：68467991
总编室：68462709　68423029　　　　　传真：68455221
http://seismologicalpress.com

经销：全国各地新华书店
印刷：北京地大彩印有限公司

版（印）次：2019 年 11 月第一版　2019 年 11 月第一次印刷
开本：889×1194　1/16
字数：358 千字
印张：12.75
书号：ISBN 978-7-5028-5112-5/P（5830）
定价：88.00 元

编 委 会

主　编：杨丽萍

副主编：苏　旭

成　员：姚生海　张加庆　刘　炜　盖海龙

　　　　蔡丽雯　苏永奇　邹海宁　涂德龙

　　　　都昌庭　万秀红　绽蓓蕾　黄　伟

前　言

一、概述

"乌兰县希里沟镇地震小区划"项目的法人单位为乌兰县地震局，2014 年由青海诚鑫招标有限公司以公开招标的形式采购，青海省地震局工程地震研究院为中标单位。2015 年 1 月乌兰县地震局与青海省地震局工程地震研究院正式签订了技术服务合同。

二、项目概况

乌兰县地处柴达木盆地的东北部，地理坐标为 36° 19′ ～ 37° 20′ N，98° 01′ ～ 99° 27′ E 之间。其东北接天峻县，西靠德令哈市，南连都兰县，东南通海南藏族自治州共和县。东西长 216.9km，南北宽 112km，土地总面积 12976.72km²，约占全省总面积的 1.78%。青藏铁路、青藏公路、青新公路横穿县域，交通条件便利。乌兰县希里沟镇距省会西宁 387km，距州府德令哈市 139km。

乌兰县希里沟镇地震小区划的目标范围参考 2005 版和 2014 版《青海省海西州乌兰县城总体规划》所确定的城市总体规划范围（简称工程场地）划定（图 0-1），规划区范围西起赛什克农场，东至东山山

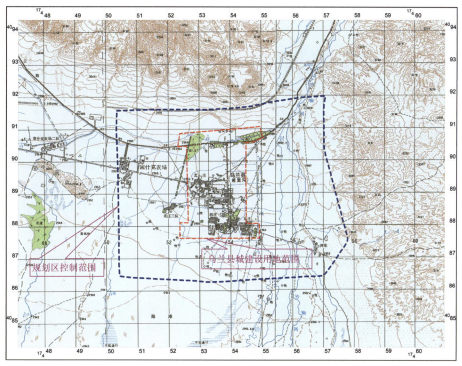

图 0-1　乌兰县地震小区划工程场地范围示意图

（据《乌兰县总体规划（2014—2030）》）

根；南起天然气输气管道，北到红土山根，规划区范围面积约37km²，因此本次地震小区划的工程场地面积也是37km²。乌兰县希里沟镇位于《中国地震动参数区划图》（GB 18306—2001）0.10g分区内，特征周期0.40s；位于《中国地震动参数区划图》（GB 18306—2015）0.15g分区内，特征周期0.40s。小区划工作的最终目标是给出乌兰县规划区范围的地震动峰值加速度区划图、地震动特征周期区划图和地震地质灾害区划图，并建立地震小区划基础数据库。该项目是集研究和应用于一体的项目，其内容必须满足《工程场地地震安全性评价》(GB 17741—2005）的要求，其成果必须达到乌兰县规划区范围内一般工程抗震设防应用的目标。

三、工作依据及技术规范

（1）《工程场地地震安全性评价》（GB 17741—2005）。

（2）《中国地震动参数区划图》（GB 18306—2001）。

（3）《中国地震动参数区划图》（GB 18306—2015）。

（4）《建筑抗震设计规范》（GB 50011—2010）。

（5）《岩土工程勘察规范》（GB 50021—2001）（2009版）。

四、工作内容

根据《工程场地地震安全性评价》（GB 17741—2005）及招标文件、施工设计等要求，对工程场地进行Ⅲ级地震小区划工作，其主要工作内容有：

（1）区域地震活动特性和地震构造评价。

（2）近场区地震活动特性和地震构造评价。

（3）确定地震统计区域地震活动性参数。

（4）确定工程场地周围潜在震源区划分方案，并确定其地震活动性参数。

（5）确定适合本区的地震动衰减关系。

（6）完成工程场地基岩地震危险性概率分析，给出工程场地基岩地震动参数。

（7）场地地震工程地质条件勘察，根据勘察结果进行工程地质单元分区，完成钻探、剪切波速测试、脉动测试、常规实验及其动力学参数实验，为工程场地地震小区划奠定基础。

（8）地震动小区划，即地震动峰值加速度及反应谱小区划。通过工程场地地震反应分析，确定各勘探控制点的未来50年超越概率63%、10%、2%和1年10⁻⁴的地面设计地震动加速度峰值、反应谱特征周期，并结合工程地质分区，编制相应的地震动加速度峰值分区图、反应谱特征周期分区图及说明书。

（9）地震地质灾害小区划。对工程场地地震地质灾害的类型、程度及其分布特征进行综合评价，编制地震地质灾害小区划说明书。

五、工作量

1. 评价范围

按照国家标准《工程场地地震安全性评价》（GB 17741—2005）的要求，本项目分区域、近场区和工程场地三部分进行评价。区域范围是场地四周边界外延不小于150km的地区，其地理坐标范围为：35.5°～38.4° N，96.7°～100.3° E；近场区范围是场地四周边界外延不小于25km的地区，其地理坐标范围为：36.67° ～ 37.19° N，98.15° ～ 98.81° E；工程场地的地理坐标范围为：36.906° ～ 36.958° N，98.442° ～ 98.526° E，面积约 37km²。

2. 完成工作量

地震小区划工作的目的是为工程场地的一般建设工程抗震设防标准的确定、抗震参数选取及防震减灾对策提供科学依据。与全国区划图不同，它更加注重场地工程地质条件特别是局部的场地条件在地震动作用下的反应，更为详细地研究周围的地震活动环境、地质构造环境对场地的影响，进行更为详细的地震危险性分析，并将地震环境与场地条件密切结合起来，选择更适合的计算模型进行土层反应分析。乌兰地区的地震构造研究相对薄弱，因此本项工作开展了对该区的地震地质调查、浅层地震勘探、探槽等研究，对其周边地区的活动构造进行了较为详细的研究和调查，对乌兰县起主要作用的潜在震源区进行了厘定。在活断层探测工作的基础上，在小区划场地内开展了钻孔勘探和剪切波速原位测试，并保证每个孔揭露到坚硬土层（剪切波速大于 500m/s）以下，且完成必要的动三轴试验。实际工作量见表 0-1，现场工作见图 0-2。

表 0-1 主要工作量一览表

工作类别		完成工作量
地震活动性评价	区域地震活动性	1927—2015 年 8 月，区域震中分布图
	近场地震活动性	1970—2015 年 8 月，近场震中分布图
	地震带研究	3 个地震带
	震源机制解	143 个
	地震活动性图件	9 幅
地震构造评价	航片解译	4 幅
	区域地震构造图	100 万，15 条断裂
	地质图数字化处理	1 幅（20 万）
	近场区活动断层调查和断层活动评价	5 条断裂
	探槽开挖	4 个
	跨断层联合剖面钻孔	12 个孔 /1 条剖面线
	普通地质地貌调查点	约 50 个
	断层面露头调查点	5 处
	浅层地震勘探	33.18km
	年龄样品（OSL/ ESR）	5 个
	近场地震构造图	1 幅（20 万）
场地工程地质小区划	勘察钻孔	1167.1m/37 个
	标准贯入和触探数据	117 个
	动三轴试验样	15 个
	剪切波速测试	1157m/37 个
	地脉动测试	27 个

工作类别		完成工作量
场地工程地质小区划	室内土工试验	常规试验（含密度、液塑限、固结、黄土湿陷性）20件
		颗粒分析141件
	工程地质单元分区	4个分区
地震危险性概率分析计算	地震动衰减关系	1套
	潜在震源区划分	21个潜源
	危险性计算	50年超越概率63%、10%、2%，1年 10^{-4}，4个控制点
场地地震动参数确定	人造地震动时程	12条
	土层地震反应分析	444个反应谱
	场地地震动参数区划	3个分区，提供设计地震动参数
地震地质灾害评价	场地地震地质灾害区划	调查场地37km² 区域内的各类地质灾害
数据库		1套
送审报告、正式报告		报告各章节编写、汇总和修改，图件编制审定，编写总报告及评审、修改、定稿

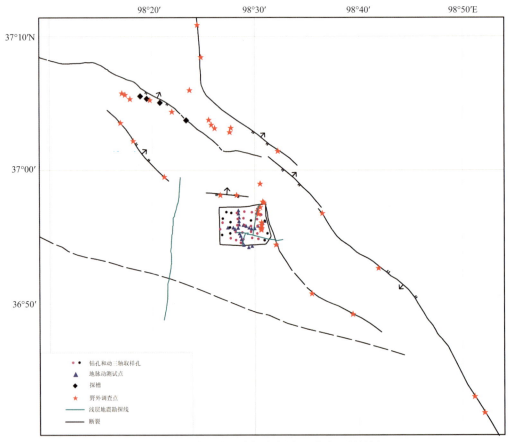

图 0-2　乌兰县地震小区划现场工作实际材料图

六、技术思路

本次工作是在对区域和近场区地震地质条件、发震构造及地震活动性进行深入细致调查研究的基础上，确定出合理的潜在震源区和地震活动性参数，通过分段泊松模型概率方法，计算出不同给定概率水平条件下场地基岩水平峰值加速度和基岩加速度反应谱。依据场地工程地质条件，采用一维多质点非线性模型进行土层反应计算，给出场地设计地震动参数。主要工作流程及技术思路见图0-3。

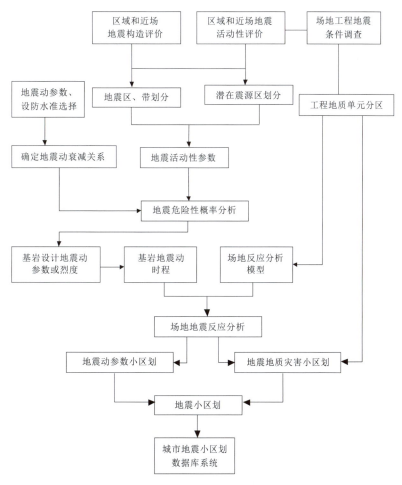

图 0-3　乌兰县希里沟镇地震小区划工作技术路线框图

1. 地震活动性评价

对区域和近场区范围的历史与现代地震进行核定、整理，编制地震目录，编制地震震中分布图，分析区域地震活动的时空分布特征，评估未来100年区域地震活动趋势。通过对震源机制解、活动构造的综合研究，确定区域现代构造应力场。收集破坏性地震资料，评价破坏性地震对场地的影响。

2. 地震构造评价

在分析区域地质构造环境、地球物理场、现代构造运动特征的基础上，收集前人工作成果，对区域、近场区范围内主要发震构造进行实地追踪，运用测量、探槽、物探及第四纪年龄测定等多种手段，综合确定断裂的几何学与运动学特征、断裂的活动特点以及与地震的关系，为潜在震源区的划分提供充分依据。

3. 地震危险性概率分析

划分场地所在区域的地震区、带及潜在震源区，确定潜在震源区的震级上限。根据地震活动的时空不均匀性，分别确定地震带及各潜在震源区地震活动性参数。利用国内外历史地震烈度影响和加速度记录资料，建立适合本区域的基岩峰值加速度及其反应谱的衰减关系，采用分段泊松模型的概率性方法计算场地不同概率水平下基岩加速度及反应谱。

4. 场地地震工程地质条件

收集、整理已有的水文地质、工程地质资料，采取必要的勘探、测试手段，调查了解场地地形地貌特征、地基土的物理力学性质和空间分布规律。按照场地地基土层性质和抗震性能进行工程地质分区，分析评价各工程地质单元地形地貌、工程地质与水文地质条件，划分场地土类型，编制场地大比例尺工程地质分区图。

5. 地震动小区划与地震地质灾害小区划

在地震危险性概率分析计算结果的基础上，根据场地地震工程地质条件勘测结果，采用一维多质点非线性模型，计算各控制点的地震反应，确定各控制点的地震动参数。综合分析各控制点的地震动参数，并结合场地工程地质单元分区结果，进行场地地震动参数小区划。根据地震动小区划结果，编制 50年超越概率 10% 的场地地震动峰值加速度和反应谱分区图，并给出相应分区的设计地震动参数。

根据各工程地质单元地形地貌、工程地质与水文地质条件，参照地震动峰值加速度和反应谱分区结果，对场地地震地质灾害进行分区评价。

七、人员及分工

项目总负责：杨丽萍（高级工程师，国家一级注册地震安评师）；

项目技术负责：苏旭（高级工程师，国家一级注册地震安评师）；

地震活动性评价：张加庆（高级工程师，国家二级注册地震安评师），刘炜（工程师），万秀红（工程师）；

地震构造环境评级：苏永奇（副研究员，国家一级注册地震安评师），姚生海（工程师，国家二级注册地震安评师），涂德龙（高级工程师），刘炜、黄伟（工程师，国家二级注册地震安评师）；

地震危险性概率分析：苏旭，绽蓓蕾（工程师）；

场地工程地质与地震地质灾害区划：苏旭，姚生海，邹海宁（工程师），都昌庭（高级工程师，国家二级注册地震安评师），盖海龙（工程师）；

场地地震动参数区划：苏旭，绽蓓蕾。

致谢

本项目实施过程中得到乌兰县人民政府、海西州地震局、乌兰县地震局的大力支持，得到青海省建筑勘察设计研究院有限公司、山东省煤田地质局物探测量队等单位的大力支持与协助。在项目实施过程中，袁道阳研究员多次亲临现场指导工作，在此一并表示衷心感谢。

目　录

第一章　地震活动环境评价

地震活动性研究主要是通过对工程场地区域和近场地震活动在空间和时间上的分布特征、历史地震对场地的影响等，对工程场地的地震活动做出评价，为合理划分潜在震源区和确定地震活动性参数提供依据。

第一节　地震资料概况

一、资料范围

乌兰县隶属于青海省海西蒙古族藏族自治州，位于青海省中部、柴达木盆地东部，东邻海南藏族自治州共和县，南与都兰县相连，西接德令哈市，北与天峻县交界，乌兰县县城所在地为希里沟镇。根据《工程场地地震安全性评价》（GB 17741—2005）的要求，小区划的区域范围为规划区外延不小于150km的范围，近场区范围为规划区外延不小于25km的范围，本次乌兰县希里沟镇地震小区划的区域范围为：35.5°～38.4° N，96.7°～100.3° E；近场范围为：36.67°～37.19° N，98.15°～98.81° E。该区域位于青藏地震区中北部的青海省境内，东北部极小部分跨入甘肃省境内。在进行地震时、空分布特征分析时，地震资料的整理与搜集将以区域所跨各地震带作为空间范围。

二、资料来源

地震资料主要以目前最新的正式地震目录为主。对于关键地震事件，依据不同版本的地震目录及有关文献进行对比确定地震参数。地震目录包括历史地震目录和现代小震目录。

（1）强震资料：1990 年前的地震目录，主要采用《中国历史强震目录（公元前 23 世纪—公元 1911 年）》(国家地震局震害防御司编，1995),《中国近代地震目录（公元 1912—1990 年，$M_S \geqslant 4.7$)》(中国地震局震害防御司编，1999)。

1990—2010 年 5 月的破坏性地震目录资料主要采用《中国地震目录》(中国地震局监测预报司预报管理处整编)、《中国地震详目》等。

2010 年 6 月—2015 年 8 月的地震目录取自中国地震台网中心的地震数据库。

（2）近代小地震资料（1970 年 1 月—2015 年 8 月）：取自中国地震台网中心的地震数据库。

三、资料概况

（1）区域地震监测概况。我国于 20 世纪 50 年代着手建立全国基准台网，70 年代后区域地震台网逐步完善。据青海省地震局统计分析，"九五"前全省监测能力 $M4.5$，"九五"期间全省大部分地区监测

能力达到 $M3.5$，海东地区地震监测能力达到 $M2.5$。在"十五"期间进行了全省台网数字化改造，增设了多个台点，大大提高了资料的完整性和可靠性，全省监测能力 $M3.5$，西部地区地震监测能力可达到 $M3.0$；"十二五"末我省已初步建成多种学科相结合、固定观测与流动观测相结合、区域台网和专用台网相结合、专业手段与群测群防相结合的地震监测体系，全省地震监测能力达到 $M3.0$，其中西宁及周边地区达到 $M1.5$，地震监测服务水平有效提高（图1-1）。区域及周围现有德令哈、都兰、格尔木、湟源等地震台，1970年以来 $M3.0$ 以上地震基本不漏记。

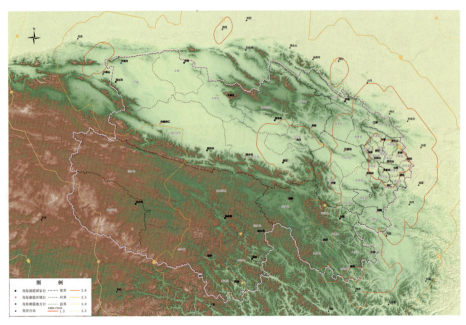

图1-1　青海省地震监测台站分布及监控能力图（截至2015年5月31日）

（2）震级标度。以往工作中，强震采用面波震级 M_S，小震（$M \le M_S4.6=M_L5.0$）采用地方震级 M_L，依据郭履灿（1981）公式 $M_S=1.13M_L-1.08$ 将其转换为 M_S 震级。汪素云等（2009）研究了1990—2007年间同时测定有 M_S、M_L 数据且震源深度 < 70km 的地震6577个，最新拟合得出 M_S-M_L 的关系式：$M_S=0.932M_L+0.295$。

图1-2统计的线性关系表明，M_L 震级与 M_S 震级统计的结果差别不大，表明浅源地震 M_L 震级近似 M_S 震级，可直接使用震级标度转换关系 $M_S=M_L$。因本区域内无中深源地震，故本次地震活动性分析时震级标度统一标识为"M"。不再考虑 M_L 震级、面波震级（M_S）、体波震级（M_b）等换算问题。

（3）区域地震记录概况。区域地处西北地区，历史地震记载不全，区域记载到的最早地震为1927年3月16日青海哈拉湖东6.0级地震，最大地震为1937年1月7日青海阿兰湖东7½级地震。自有记录以来至2015年8月，区域内共记录到 $M \ge 4.7$ 地震31次。各震级档次地震频次的分布情况见表1-1。

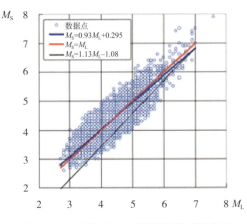

图1-2　M_L 震级与 M_S 震级转换的线性关系

表 1-1　地震在不同震级档的分布

$M \geqslant 4.7$		$3.0 \leqslant M < 4.7$	
震级档	地震数目	震级档	地震数目
4.7~4.9	4	3.0~3.9	516
5.0~5.9	19	4.0~4.6	63
6.0~6.9	6		
7.0~7.9	2		
总　计	31	总　计	579

第二节　地震区、带的划分

划分地震区、带是为了反映地震活动在空间上的不均匀性。同一地震区、带地震活动特点和地震构造条件密切相关，因而它常作为地震活动性参数的统计单元，也是地震发震构造条件和震级上限确定的构造类比单元。

一、地震区、带划分的依据

1. 地震区划分的原则

（1）地震活动性相似的区域。包括地震活动的强弱程度大致相近、地震活动重复周期大致相同、8½级地震和一组 7½ ~ 8 级地震与其他次级地震间具有明显的比例关系和成因上的联系等的区域。

（2）现代构造应力场和现代构造变形特征相似的区域。包括现代构造应力场方向相同或由一组相对独立的应力场所控制、现代构造变形特征相一致，往往由一组统一的变形场分布单元所控制等的区域。

（3）新构造活动性相似的区域。包括活动断裂的区域分布特征、活动性质和强度相似，以及新构造运动的强度、活动性质的分区相一致的区域。

（4）大地构造、地壳结构和地球物理场相似的区域。大地构造、地壳结构和地球物理场是地壳长时期运动和发展的产物，地震关系不如以上几点密切，但地壳结构、地球物理场和大地构造的分布格局，对地震的分区仍具有一定的控制作用。

2. 地震带划分的原则

地震带是地震区内的次级地震统计单元，其划分依据除与地震区划分依据相同外，地震带内的地震活动和地质构造的特征更趋一致。

（1）地震活动性的一致性。包括地震活动空间上连接成带或相对集中；带内地震活动具有相同的地震活动期和平静期，一个或一组 7 ~ 8 级地震与带内其他地震之间具有较好的比例关系和成因上的联系。

（2）现代构造应力场和变形场特征的一致性。包括由一组单一的现代构造应力场和变形场所控制；现代构造变形场特征相一致。

（3）新构造运动的性质和强度大致相同。

（4）发震断裂运动特征和运动性质相一致。

3.地震区、带边界确定的原则

（1）活动构造单元的外界。

（2）活动构造单元的转折带。

（3）中强地震及小地震活动密集分布区的外界。

二、地震区、带划分结果

根据上述划分原则，并参照《中国地震动参数区划图》（GB 18306—2015）提供的全国地震区、带的划分方案，对本地区进行划分（表1-2和图1-3）。

表1-2 区域地震区、带划分

	地震区（带）
青藏地震构造区 V	西昆仑—帕米尔地震带 V 1
	龙门山地震带 V 2-1
	六盘山—祁连山地震带 V 2-2
	柴达木—阿尔金地震带 V 2-3
	巴颜喀拉山地震带 V 3-1
	鲜水河—滇东地震带 V 3-2
	喜马拉雅地震带 V 4-1
	滇西南地震带 V 4-2
	藏中地震带 V 4-3

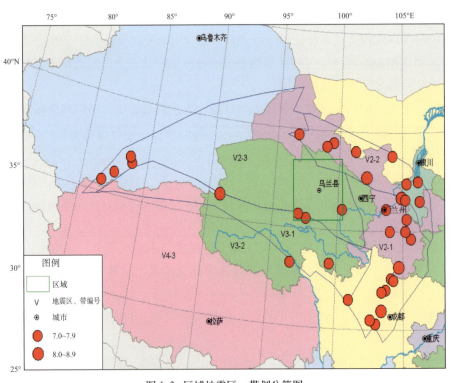

图1-3 区域地震区、带划分简图

区域内主要涉及了青藏地震区内的柴达木—阿尔金地震带（V2-3），东北角涉及六盘山—祁连山地震带（V2-2），西南角少部涉及巴颜喀拉山地震带（V3-1）。故在此将这三个地震带的基本特征分别进行阐述。

1. 柴达木—阿尔金地震带（V2-3）

柴达木—阿尔金地震带位于青藏地震区青藏高原北部地震亚区的西部，包括阿尔金山、柴达木盆地、共和盆地、祁曼塔格山和甘肃敦煌等地区。

该带边缘大都为重力异常梯度带，分布有以正异常为主的宽缓高磁异常，地壳厚度为 43～53km，带内新构造运动强烈。地震带内沿 NWW 向展布的断裂有柴达木盆地北缘断裂带、柴达木盆地两条中央断裂带、哇玉香卡—拉干隐伏断裂带等；沿 NEE 向展布的断裂有阿尔金断裂带等。

柴达木—阿尔金地震带 20 世纪前地震记载缺失严重，1832 年至 2015 年 8 月共记载到 $M \geqslant 5$ 地震 140 次，其中 $M5.0～5.9$ 地震 112 次，$M6.0～6.9$ 地震 23 次，$M7.0～7.9$ 地震 5 次，最大地震为 2008 年 3 月 21 日和 2014 年 2 月 12 日新疆于田县发生的 $M7.3$ 地震。带内以中强地震活动为主，在空间上具有成带分布的特征，集中分布在阿尔金断裂带、柴达木盆地南侧的茫崖—乌图美仁及北侧的达布逊湖—北霍布逊湖、共和盆地的哇玉香卡—拉干隐伏断裂带的东段等。区域范围大部分涉及柴达木—阿尔金地震带的东部。

2. 六盘山—祁连山地震带（V2-2）

该地震带处于青藏地震区青藏高原北部地震亚区的东北缘，包括整个祁连山地区及河西走廊、六盘山、宁夏南部的中宁、海原、固原等地，其总体位于加里东期地槽褶皱系内，属加里东期中朝准地台西南边缘的裂陷带。沿祁连山重力异常梯级带宽达 300km，也是青藏高原地区东北边缘的地壳厚度变异带，地壳厚度平均约 55km。带内新构造运动强烈，以挤压褶皱、高角度逆冲断裂为主要特征。该地震带内的主要活动断裂带分 NWW 和 NNW 两个方向组，前者如北部的河西走廊活动断裂系的榆木山北缘断裂、祁连山北缘断裂、皇城—双塔断裂等；后者如东部的庄浪河断裂等。

公元 180 年至 2015 年 8 月该地震带共记载到 $M5$ 以上地震 104 次，其中 $M5～5.9$ 地震 74 次，$M6～6.9$ 地震 19 次，$M7～7.9$ 地震 9 次，$M8～8.9$ 地震 2 次，最大地震为 1920 年 12 月 16 日海原 8.5 级地震。带内地震活动强度大、频度高，具有成带分布特征。区域范围东北角涉及六盘山—祁连山地震带西南部。

3. 巴颜喀拉山地震带（V3-1）

该带位于青藏地震区青藏高原中部地震亚区的中南部，包括可可西里山、巴颜喀拉山、阿尼玛卿山及川西高原等地区。布格重力异常和航磁异常梯级带沿带分布，总体上表现为大面积重、磁负异常区，地壳厚度平均 67km 左右。其新构造运动表现为强烈的褶皱和隆起，并伴随大量左旋走滑为主的断裂活动，主要活动断裂带有 EW—NWW 向的东昆仑断裂带、NWW 向的巴颜喀拉断裂带等，这些断裂带多数在全新世以来有明显活动。

巴颜喀拉山地震带横贯青海省中部，地震发生的强度较大。该带 20 世纪前地震记载缺失严重，1915 年至 2015 年 8 月共记载到 $M5$ 以上地震 70 次，其中 $M5～5.9$ 地震 55 次，$M6～6.9$ 地震 10 次，$M7～7.9$ 地震 4 次，$M8～8.9$ 地震 1 次，最大地震为 2001 年 11 月 14 日昆仑山口西 $M8.1$ 地震。巴颜喀拉山地震带内的东昆仑活动断裂带全新世以来活动非常强烈，沿带地震陡坎、鼓包、凹坑、地裂缝、古梁、沟槽、断塞塘、崩塌、水系与阶地扭错等古地震形变遗迹十分普遍，地震形变遗迹具有展布范围极窄、线性强、连续性好、沿断裂带展布的特点，并且不同地段不同期次的地震形变类型相似，同一地段存在多期强震形变遗迹。自 1915 年以来，沿断裂带分布有 5 次 6 级以上地震，其中 7 级以上地震 3 次，最大地震为 2001 年 11 月 14 日昆仑山口西 8.1 级地震，该地震发生在东昆仑断裂带西段的布喀达坂峰附近。

第三节　地震活动的空间分布特征

一、地震震中的平面分布特征

图 1–4 为区域强震震中平面分布图。区域范围内 M4.7 以上强震共 31 次，其中 4.7～4.9 级地震 4 次，5.0～5.9 级地震 19 次，6.0～6.9 级地震 6 次，7.0～7.9 级地震 2 次，最大地震震级为 7½ 级。强震目录见表 1–3。

由图 1–4 可以看出，区域内地震活动在空间上呈明显的不均匀分布。区域强震震中分布表明：区域强震的发生和展布受区域深大断裂的控制，区域范围内控制性断裂的走向以 NW、NWW 向为主，强震的发生在区域范围内表现为东南部和西北部强，东北部相对较弱的特点。

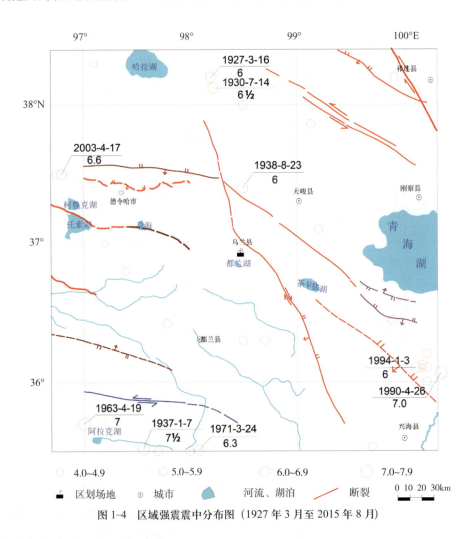

图 1–4　区域强震震中分布图（1927 年 3 月至 2015 年 8 月）

表 1-3 区域 $M \geq 4.7$ 强震目录（1927.3—2015.8）

序号	发震时刻 年-月-日	震中位置			震级 M	精度	深度 /km	震中烈度
		北纬 /°	东经 /°	参考地名				
1	1927-03-16	38.2	98.2	青海哈拉湖东	6	4		
2	1930-07-14	38.1	98.2	青海哈拉湖东	6½	2		
3	1933-04-01	36.8	97.4	青海都兰西北	5¼			
4	1933-05-20	38.0	98.5	青海木里附近	5¼			
5	1937-01-07	35.5	97.6	青海阿兰湖东	7½	2		X
6	1937-01-08	35.5	97.7	青海阿兰湖东	5¾			
7	1937-02-12	35.5	98.0	青海玛多北	5¾	2		
8	1938-04-10	36.3	98.7	青海都兰东	5¾	4		
9	1938-08-23	37.4	98.5	青海天峻西	6	3		
10	1952-01-27	37.1	99.2	青海天峻附近	5	4		
11	1952-03-21	36.3	98.5	青海都兰附近	5	4		
12	1952-03-28	37.5	98.0	青海天峻西	4¾			
13	1957-03-23	38.0	98.5	青海天峻北	5	5		
14	1958-11-30	38.1	100.0	青海祁连	5.1	3		
15	1961-10-21	38.3	97.1	青海哈拉湖西	4.9	2	25	
16	1963-04-19	35.7	97.0	青海阿兰湖附近	7½	2		IX+
17	1971-03-24	35.5	98.1	青海玛多北	6.3	2	13	VIII
18	1978-11-18	37.00	97.20	青海德令哈西南	4.8			
19	1980-04-18	37.86	99.13	青海天俊北	5.2	1	15	VI
20	1990-05-16	36.12	100.16	青海共和、兴海间	5.3	1	13	
21	1990-08-15	36.10	100.16	青海共和、兴海间	4.7	1	19	
22	1991-01-02	38.15	99.83	青海祁连县西南	5.1		3	
23	1991-09-20	36.00	100.20	青海共和	5.3			
24	1994-01-03	36.10	100.10	青海共和	6.0			
25	1994-02-16	36.30	100.18	青海共和	5.8		24	
26	1994-10-10	36.00	100.27	青海共和	5.3		22	
27	1995-07-09	36.03	100.17	青海共和	5.3		14	
28	2001-07-17	35.5	99.7	青海兴海	5.0			
29	2003-04-17	37.5	96.8	青海德令哈	6.6			
30	2004-05-04	37.50	96.75	青海德令哈	5.5			
31	2014-10-02	36.42	97.79	青海乌兰	5.3		10	

区域东南部的共和盆地是现代地震活动最为活跃的地区之一，该地区哇玉香卡—拉干活动断裂控制着现代中、强地震的孕育和发生，地震活动呈现频度高、强度较大的特点，20世纪90年代以来，先后发生了1990年4月26日7.0级地震、1994年1月3日6.0级地震和1994年2月16日6.1级地震。

区域西北部的大柴旦—宗务隆山断裂带，2003年4月17日德令哈6.6级地震可能与该断裂有关。

鄂拉山断裂带是一条现今活动明显的全新世断裂带，晚更新世晚期以来的平均水平滑动速率为（4.1±0.9）mm/a。断裂西北段1927年3月16日发生6级地震、1930年7月14日发生6½级地震；断裂中段与大柴旦—宗务隆山断裂带的交汇处，1938年8月23日曾发生6级地震，该地震距离小区划目标区的最近距离约52.3km，对目标区场地的影响较大。区域范围内断裂南部也有4级、5级地震发生。

表1–3中地震事件的定位精度：

1类：≤10km；2类：≤25km；3类≤50km；4类：≤100km；5类：＞100km。

图1–5为区域范围内1970年以来小震震中平面分布图。"十二五"末我省已初步建成多种学科相结合、固定观测与流动观测相结合、区域台网和专用台网相结合、专业手段与群测群防相结合的地震监测体系，全省地震监测能力达到M3.0，其中西宁及周边地区达到M1.5，地震监测服务水平有效提高（图1–1）。区域及周围现有德令哈、都兰、格尔木、湟源等地震台，1970年以来M3.0以上地震基本不漏记。

图1–5为区域1970年以来的小震震中分布图，图中显示了中强震发生的构造带特征，其空间分布

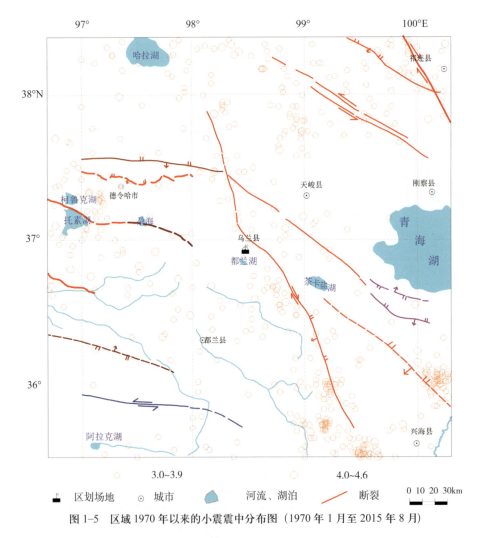

图1–5 区域1970年以来的小震震中分布图（1970年1月至2015年8月）

及深度特征反映了区域活动构造格局，有利于判定中强震孕育的环境。

　　图中显示区域范围内 3.0 ～ 4.6 级小震具有弱震密集成丛的特点，且这些小震成丛区多处于历史上强震震中区附近，如区域西北部的大柴旦—宗务隆山断裂带，2003 年 4 月 17 日德令哈 6.6 级地震可能与该断裂有关，该强震附近小震密集成丛。鄂拉山断裂带是一条现今活动明显的全新世断裂带，晚更新世晚期以来的平均水平滑动速率为（4.1±0.9）mm/a，在该带上小震沿断裂展布方向自北向东南密集分布。

二、地震震源深度分布特征

　　仅利用区域给出震源深度参数来判断区内平均震源深度，会造成判断的偏颇，必须结合区域所跨的各地震带震源深度分布特征进行综合分析。

　　图 1-6 分别揭示了柴达木—阿尔金地震带、六盘山—祁连山地震带、巴颜喀拉山地震带及区域震源深度分布特征。柴达木—阿尔金地震带震源深度分布范围在 1 ～ 55km，优势分布层位于 5 ～ 35km；六盘山—祁连山地震带震源深度分布在 1 ～ 55km，优势分布层位于 1 ～ 40km；巴颜喀拉地震带震源深度分布在 1 ～ 50km，优势分布层位于 10 ～ 30km。

　　区域范围 90% 位于柴达木—阿尔金地震带，截至 2015 年 8 月，区域范围内 $M \geqslant 2$ 地震中有震源深

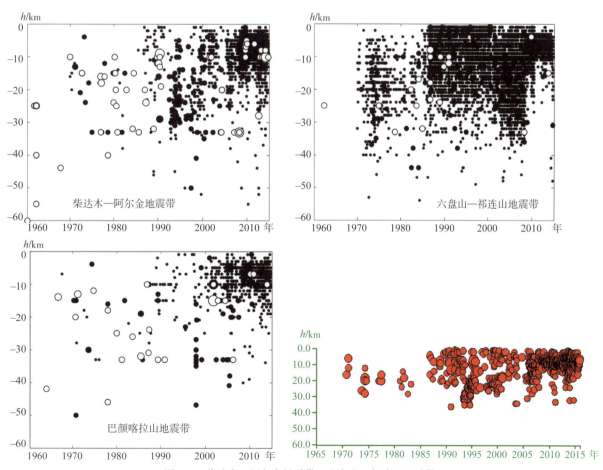

图 1-6　柴达木—阿尔金地震带、六盘山—祁连山地震带、
巴颜喀拉山地震带及区域震源深度分布图

度记录的地震共 1089 次，震源深度统计结果见表 1-4。区域内中强以上地震和近代小震的地震震源深度分布在 1 ～ 40km 范围内，优势分布层位于 5 ～ 30km。

表 1-4 区域范围震源深度统计表（1970.7—2015.8）

震源深度 /km	震级（M）						所占比例
	2.0~2.9	3.0~3.9	4.0~4.9	5.0~5.9	6.0~6.9	7.0~7.9	
0~10	626	117	18	4			70.3%
10~20	182	25	6	1	1		19.7%
20~30	64	23	3	1	2	1	8.6%
30~40	13	1	1				1.4%

利用区域内地震震源深度参数，并结合其涉及的各地震带震源深度分布综合分析判定，区域内的地震属于地壳中上层的浅源构造地震范畴。

第四节　地震活动的时间分布特征

地震活动随时间呈现时强时弱、疏密相间的间歇性活动特征，即各地震区或地震带中的地震活动常呈现相对平静与显著活动相互交替转化的过程。因此，分析区域地震活动的时间分布特征，可从区域所涉及的地震带的地震危险性入手做出评价。

一、区域所涉及各地震带地震活动的时间分布特征分析

1. 柴达木—阿尔金地震带

柴达木—阿尔金地震带最早的地震记载为公元 1832 年 8 月昌马 5½ 级地震，该地震带 1920 年以后，$M \geqslant 5$ 地震记录才基本完整，至今记载到的最大地震为 2008 年 3 月 21 日和 2014 年 2 月 12 日新疆于田县发生的 $M7.3$ 地震。因该地震带可靠的历史地震记载时间太短（不足一个完整的地震活动准周期），故无法利用 $M-t$ 图（图 1-7）进行地震活动期次分析，地震带活动特征为 1900 年以来一直处于地震能量释放加速阶段，未来活动水平估计不低于 1900 年以来的地震活动水平。

2. 六盘山—祁连山地震带

六盘山—祁连山地震带最早的地震记载为公元 180 年 8 月高台 7½ 级地震，该地震带 1450 年以来 $M \geqslant 5$ 地震记录才基本完整，至今记载到的显著地震为 1920 年 12 月 16 日海原 8.5 级地震及 1927 年 5 月 23 日古浪 8 级地震。图 1-8 是六盘山—祁连山地震带 $M-t$ 图和能量蠕变图。通过前面分析计算得出该地震带的平均活动准周期约为 300 年，自 1450 年以来地震带大致经历了两个地震活跃期。第一个活动期内（1548—1709 年）发生 7 级以上地震 4 次，标志性地震为 1709 年 7½ 级地震；第二个活动期内（1888 年至今）已发生 7 级以上地震 6 次，标志性地震为 1920 年 8.5 级地震和 1927 年 8 级地震；目前正处于第二个活动期的后期，未来活动水平估计处于活跃期水平。

3. 巴颜喀拉山地震带

巴颜喀拉山地震带最早的地震记载为公元 1915 年 4 月 28 日青海曲麻莱 6½ 级地震，该地震带 1930

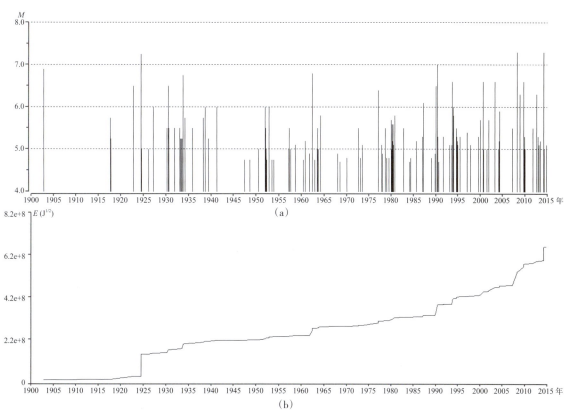

图 1-7　柴达木—阿尔金地震带 *M–t* 图　(a)、能量蠕变图　(b) (资料截至 2015 年 8 月)

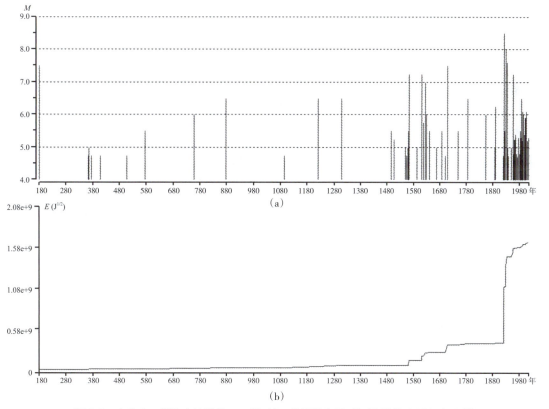

图 1-8　六盘山—祁连山地震带 *M–t* 图　(a)、能量蠕变图　(b) (资料截至 2015 年 8 月)

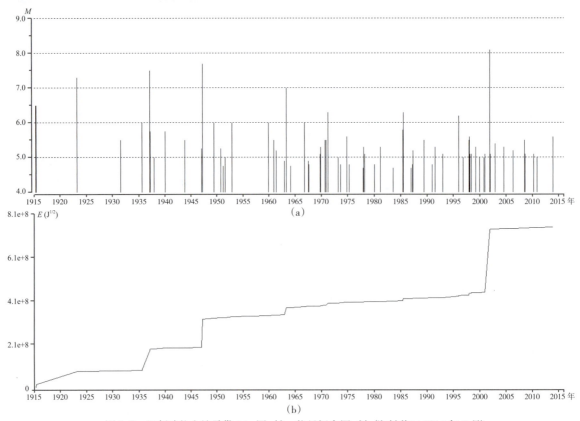

图1-9 巴颜喀拉山地震带 M–t 图 (a)、能量蠕变图 (b)（资料截至2015年8月）

年以来 $M \geqslant 5$ 地震记录才基本完整，至今记载到的显著地震为2001年11月14日昆仑山口西8.1级地震。1900年以来，本地震带地震活动较活跃，图1-9为该带1900年以来的 M–t 图和能量蠕变曲线，因该地震带历史地震记录时间太短（不足一个活动期），无法划分完整的地震活动期，未来地震活动水平估计不低于1900年以来的地震活动水平。

二、地震统计区地震活动性参数的确定

地震统计区地震活动性参数主要包括地震统计区的 b 值与 v_4 值。

1. 地震活动性参数的确定原则

地震活动性参数依据《中国地震动参数区划图》（GB 18306—2015）所遵循的三个重要原则来确定。

（1）充分反映地震资料不完备性和认识不确定性

区域范围所跨的地震带位于中国西部地区，可用资料的时间长度只有100年左右，在这样的资料基础上，对地震活动特征和活动水平的认识存在较大的不确定性，如对地震活动期的活跃期与平静期的划分，对未来地震活动趋势的评价，对未来地震活动年平均发生率的统计，对资料可信时段、可信震级段的判断，地震活动性参数分析与计算方法等。

（2）客观反映地震活动水平与特征

地震资料尽管存在各种局限性，但对地震活动的空间分布、时间起伏、强弱分布等宏观特点的反映，具有重要的应用价值，是地震活动性参数确定不可或缺的重要参考资料。充分利用地震资料反映客观的地震活动特点，重点是：①对已表现的地震活动特征应有反映；②不能低估已表现出的地震活动水平。

（3）统计基础上的综合分析

统计拟合结果只能给出统计的最优结论，少数可信样本点难以控制拟合的结果，如果不加以分析，很可能得出不合理的参数。因此，在地震活动性参数确定中，利用多方案统计计算的基础，综合分析实际地震活动特征与水平，依据地震活动的特征、有限的可靠样本资料修正统计的结果，从而得到相对合理的参数值。

2. 地震统计区地震活动性参数确定方法

（1）多方案统计计算

强调对认识不确定性的充分反映，目的是在有限资料的基础上，充分发掘有价值的信息，克服样本资料的不完备性可能导致的认识偏差。根据统计样本类型、统计时段和震级段的不同，选取不同的方案、不同的统计方法，构建大量的统计计算方案，并对大量的计算结果进行统计分析，作为参数确定的基础。

（2）依据地震活动特征和水平确定参数

在多方案计算结果的基础上，确定 b 值与 v_4 值的估计值（均值或 75% ～ 85% 分位数值），再根据地震活动性特征进行调整。调整的原则是不低估已经认识到的地震危险性，同时对未来地震危险性给予合理保守的考虑。重点参照和反映的地震活动特征如下：

① 1970 年以来 $M4$ 以上地震的地震活动水平；

② 1970 年以来 $M4$ 以上地震年频度泊松拟合均值；

③ 中强地震可信时段地震活动水平；

④ 大震级地震重现期与可信时段强震发生率；

⑤ 未来地震活动趋势分析结果。

3. 地震统计区地震活动性参数结果

在地震统计区地震资料和地震活动特征分析的基础上，对地震统计区地震活动性参数进行统计计算。经过对多方案结果分布特征的分析，以及统计结果对可靠地震样本点的控制情况，最终确定地震统计区的地震活动性参数。依据《中国地震动参数区划图》（GB 18306—2015）乌兰县希里沟镇地震小区划所涉及的地震统计区地震活动性参数结果见表 1–5。

表 1–5　地震统计区地震活动性参数表

地震区	地震统计区	编号	M_u	b	v_4
青藏地震区	六盘山—祁连山	V2–2	8.5	0.75	6.4
	柴达木—阿尔金	V2–3	8.5	0.84	12
	巴颜喀拉山	V3–1	8.5	0.75	6.5

第五节　构造应力场分析

一、新褶皱所反映的古构造应力方向

柴达木盆地在第三纪末至第四纪普遍发育挤压褶皱构造，被卷入褶皱构造的最新地层为下中更新统。分析本区新褶皱构造的形态分布，可见盆地内新褶皱多为对称发育，褶皱长轴方向基本在 NWW—

NNW 范围内，形成褶皱构造的最大主压应力方向应为 NE 向。

二、现代构造应力场

近年来，地应力测量、断层滑动测量和震源机制解数据，特别是中国及其邻区地壳应力数据库的建立，为中国地壳应力场研究奠定了坚实的基础。谢富仁等（2004）以"中国大陆地壳应力环境基础数据库"为基础，总结了中国大陆及其邻区现代构造应力场的基本特征，编制了《中国现代构造应力场图》（图 1-10），并将中国大陆划分为不同的构造应力分区。

根据《中国现代构造应力场图》，中国大陆及邻区现代构造应力场的主压应力方向以 105° E 为界，东部地区以近 EW 为主，华北、东北为 NE—NEE，华南及台湾为 SE—SEE。西部地区以近 SN 为主，但在青藏高原北、东地区，现代构造应力场的主压应力方向分布较为复杂，自北向南，有由 NE、NEE、近 EW、SE、近 SN 到 NEE 的变化趋势。本项目所在区域主压应力方向为 NE 向（图 1-10）。

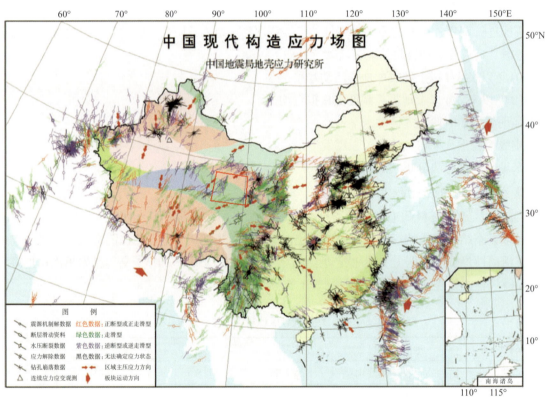

图 1-10　中国大陆现代构造应力场图（谢富仁等，2004）

三、震源机制主压应力方向

震源机制是反映地震时震源断层面运动和了解最新构造运动的基本资料，该方法不仅在时间上和空间上比较精细，且因浅源地震多发生在地壳内部，因此其结果能够代表地壳应力场。一般认为，强震震源机制揭示的主压应力轴方向能够反映区域应力场的基本特征。中强震及小震综合机制解在主压应力均一和稳定地区，P 轴优势方向可表示一定区域的构造应力场。

为了更好地进行区域应力场分析，用表 1-6 列出区域范围及附近的 12 个中强地震震源机制解。从中强地震震源机制解资料分析，区域现代构造应力场主压应力方向以 NE 为主。

表1-6 区域部分中强地震震源机制解

编号	年-月-日	震中 北纬/°	震中 东经/°	地点	震级	节面I 走向/°	节面I 倾向	节面I 倾角/°	节面II 走向/°	节面II 倾向	节面II 倾角/°	P轴 方位/°	P轴 仰角/°	T轴 方位/°	T轴 仰角/°	N轴 方位/°	N轴 仰角/°
1	1937-01-07	35.5	97.6	青海阿兰湖东	7½	116	NE	80	27	SE	85	72	10	241	4	239	79
2	1963-04-19	35.5	97.6	青海阿兰湖东	7	9	SE	85	99	NE	86	53	10	145	2		
3	1963-07-02	37.1	93.0	青海霍布逊湖	5.0	342	NE	70	68	NW	80	22	21	116	8	226	68
4	1964-03-16	37.0	95.6	青海霍布逊湖	5.8	24	NW	68	301	NE	73	344	28	252	3	156	62
5	1980-04-18	38.0	98.9	青海木里	5.2	4	W	80	96	N	75	50	4	320	17	154	72
6	1990-04-26	36.1°	100.1°	青海共和	7.0	112	SW	46	329	NE	50	44	6	102	70		
7	1990-05-07	36.3°	100.1°	青海共和	5.5	71	161	62	209	299	36	325	14	202	65	60	30
8	1991-01-02	38.1°	99.9°	青海祁连	5.1	117	207	61	4	94	54	154	41	59	86	59	86
9	1994-01-03	36.1°	100.2°	青海共和	6.0	159	249	89	250	340	45	34	29	285	31	161	46
10	1994-02-16	36.3°	100.2°	青海共和	5.8	133	223	69	140	50	22	45	23	219	24	313	1
11	1994-09-24	36.1°	100.2°	青海共和	5.5	166	76	50	130	220	46	60	0	138	70	299	19
12	1995-07-09	36.1	100.1	青海共和	5.3	157	247	73	263	353	47	33	16	295	44	145	42

万永革（2011）在前人工作的基础上，利用中国地壳应力数据库和哈佛大学矩心矩张量目录资料，将中国大陆划分为 2°×2° 的子区，反演出每个子区内的构造应力场主应力方向和相对应力大小值。本报告选取了其研究成果中与乌兰县地震小区划相关的资料，并汇编为表 1-7。

表 1-7　区域应力场反演结果（万永革，2011）

编号	纬度/°	经度/°	σ₁轴		σ₂轴		σ₃轴		R	拟合差角/°	震源机制数目
			走向/°	倾角/°	走向/°	倾角/°	走向/°	倾角/°			
1	34	95	26	23	206	67	116	0	0.50	8.669	78
2	34	97	52	7	149	45	315	44	0.65	9.842	76
3	34	99	57	7	153	44	320	45	0.65	8.992	59
4	34	101	217	14	118	31	328	55	0.65	11.898	51
5	36	95	30	0	120	46	300	44	0.65	8.440	63
6	36	97	210	9	101	64	305	24	0.60	8.492	60
7	36	99	233	2	142	10	333	79	0.35	5.430	42
8	36	101	57	6	323	33	156	56	0.45	5.642	39
9	38	95	25	1	283	84	115	5	0.50	8.155	47
10	38	97	25	25	159	56	285	21	0.65	4.746	44
11	38	99	55	0	145	7	325	83	0.45	6.669	39
12	38	101	10	4	279	5	136	83	0.50	5.326	34
13	40	95	41	0	131	30	311	60	0.40	6.624	37
14	40	97	198	9	359	80	108	3	0.15	7.043	40
15	40	99	217	7	307	3	67	82	0.30	5.407	35
16	40	101	198	21	45	66	292	10	0.40	6.529	30

由新褶皱所反映的古构造应力方向、现代构造应力场、震源机制主压应力方向可以认为，本项目区域现代构造应力场主压应力方向以 NE 为主。做 P 轴方位玫瑰图（图 1-11），图中更清楚地显示了该区域主压应力方向集中在 30°～70° 之间，其平均主压应力方向为 NE 向。

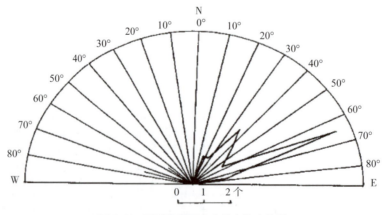

图 1-11　区域地震压应力轴方位玫瑰图

第六节　历史地震对场地的影响

历史地震影响烈度，系指用烈度来衡量历史地震对工程场地的影响程度。本节主要收集区域内及周边自有地震记载以来历史记载及仪器记录到的 5 级以上中强震，尤其是震级较大的强震对场地的影响，得到在区域内历史地震对场地的最大影响烈度值，为场地的地震安全性评价提供依据。由于种种历史原因，有地震考察详细记载震害影响的地震并不多，现将有考察记录并对场区有一定影响的 5 次中强震分别叙述如下。

一、1963 年 4 月 19 日青海都兰阿拉克湖 7 级地震

震中烈度为 IX⁺ 度（原震中烈度 VIII⁺，依据 GB 18306—2015《中国地震动参数区划图》宣贯教材 P35 页，表 4.1-2 参数修订后的历史地震目录，震中烈度修订为 IX⁺ 度），等震线长轴方向呈 EW 向展布，VIII 度区的长轴长 24km，短轴长 13km。VI 度区包括格尔木、都兰、香日德、诺木洪、托素湖、热水等，该区内少数房屋震后墙体倾斜，墙壁出现垂直裂缝，最宽达 17cm，地震时震感较强。V 度区包括德令哈、玉树、曲麻莱、小柴旦、大柴旦、天峻等地。根据等震线资料和烈度衰减关系分析，该地震对场地的影响烈度为 V 度。

二、2003 年 4 月 17 日德令哈 6.6 级地震

震中烈度为 VIII 度，烈度等震线为 NW 向分布的椭圆，长轴沿 306° 方向展布，长轴约 17.4km、短轴约 11.3km，围限面积 157km²。VIII 度区主要包括：查伊沟、卡格图村、艾木特、达呼尔等，宏观震中位于查伊沟上游；震害以山体崩塌、滚石及房屋倒塌为主。VII 度区主要包括大哇图、辉特乌兰嘎诺山、青新公路 28 道班，多为无人区；震害特征以地震地质灾害为主，表现为地表裂缝，主要以崩塌、滑塌、喷砂冒水为主。VI 度区沿长轴方向以北仅见 2 户游牧民和居住帐篷。以南有数个居民点包括：怀头他拉镇、怀头他拉农场、戈壁乡、大煤沟等地。根据等震线资料和烈度衰减关系分析（图 1-12），该地震对场地的影响烈度小于 V 度。

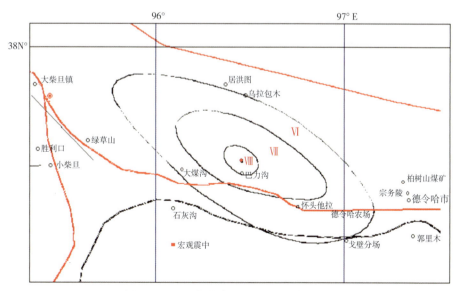

图 1-12　2003 年德令哈 6.6 级地震等震线图

三、1990年4月26日共和7.0级地震

地震震中烈度为Ⅸ度，等震线长轴方向呈NW向展布，Ⅷ度区的长轴长11.5km，短轴长5.0km。Ⅸ度区位于塘格木农场场部及农场一大队，区内砖柱土坯结构平房全部倒平；砖混结构的楼房和平房严重破坏，生命线工程也遭严重破坏，陷于瘫痪。Ⅷ度区位于塘格木农场二大队、新铁盖乡政府、英德尔乡一带。位于本区边缘的农场二大队，砖柱土坯结构平房中部分倒塌及全部倒平的约占50%～60%。Ⅶ度区NW方向以农场三大队为界；东南越过黄河包括克周、拉千两地；北抵更尕海南界；南靠宁曲到河卡滩北侧一线。区内土墙木梁结构房屋全部倒平；木架土墙结构房屋房架完好，但土墙部分倒塌，地震时人站立不稳。Ⅵ度区北以仰塘水库工地与河珠玉乡一线为界，南到河卡乡、上游村与巴仓农场相连，区内砖柱土坯结构的房屋基本完好；土墙木梁结构房屋部分山墙及屋顶有坍塌现象。Ⅴ度区包括人口较密集的共和县城、贵南县城和新哲农场在内的广阔区域，区内砖混结构楼房，墙壁有细微裂缝，少数土院墙上部有倒塌。根据等震线资料和烈度衰减关系（图1-13），该地震对场地的影响烈度小于Ⅴ度。

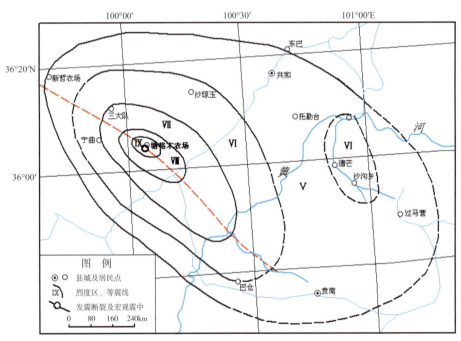

图1-13　1990年共和7.0级地震等震线图

四、2001年11月14日昆仑山口西8.1级地震

震中位于青新交界无人区，地震烈度的考察非常困难，现有资料表明，Ⅹ度区包括109国道2894km附近地震形变带通过处及其垂直方向数百米范围内。Ⅸ度包括中铁五局1项目部、2项目部；地震时，行人摔倒，房屋部分倒塌，地表裂缝。Ⅷ度区包括中铁五局3项目部、4项目部、5项目部、7项目部，格—拉输油管线，昆仑山口泵站，中铁十四局6处，中铁十二局指挥部、3处、4处；地震中在现场的人摇晃颠簸，行走困难，厂房的结构柱出现横向裂纹，地表裂缝。Ⅶ度包括西大滩泵站，中铁十四局1处、2处、3处（三叉河）、4处及中铁十二局1处、2处；地震时，人们惊逃户外，站立不稳，电视等物翻落，厂房结构柱完好，房屋墙体裂缝。Ⅵ度区包括纳赤台至南山口；地震时人站立不稳，房屋裂缝。根据等震线资料和烈度衰减关系分析，该地震对场地的影响烈度小于Ⅴ度。

五、2014 年 10 月 2 日乌兰 5.3 级地震

本次地震微观震中位于海西州都兰县，由于震区人员、建筑稀少，且主要分布在微观震中东南部的都兰县境内，根据现场对仅有的居民点的调查，初步判定了其地震影响烈度。

Ⅵ度区：主要包括都兰县夏日哈镇的沙珠玉村、察汗乌苏镇西建村和宗加镇铁奎村。察汗乌苏镇西建村村民感觉到上下地震动，部分砖木结构房屋墙体有 3 ~ 4mm 竖向裂缝；都兰县夏日哈镇沙珠玉村震感强烈，部分土木结构旧房墙体有轻微裂缝，地震时房屋、玻璃啪啪作响，东西摇晃，有地声。宗加镇铁奎村震感强烈，部分土木结构房屋墙体裂缝，最大裂缝宽约 2cm。

Ⅴ度区：主要包括都兰县城察汗乌苏镇及其中庄村、西河滩上村、下滩村五社、和平社区和新华社区，地震时震感强烈；香日德镇的乐盛、小夏滩、沱海村，少部分房屋轻微裂缝；日哈镇查查香卡农场（沙柳河村）震感强烈；乌兰县柯柯镇卜浪沟村，部分老旧牧民房屋轻微裂缝。

此次地震波及柴达木盆地中东部大部分地区，地震没有造成人员伤亡。该地震对场地的影响烈度小于Ⅴ度。

对于无考察记载的地震影响情况，利用《中国地震综合等震线图》(1990)、《甘肃省地震等震线图集》(1987)、《青海省地震等震线图集》(1990)等资料来综合评价；由于资料所限无法给出确切的震中烈度及对场区的影响烈度的地震，根据适合青藏地区的"中国西部地震烈度衰减关系"以及震级、震中距工程场地的最小距离等推测来评价。

地震烈度衰减关系模型：

$$I=A+BM+C\lg(R+R_0)$$

式中，I—地震烈度；M—面波震级；R—震中距；A、B、C 和 R_0—回归系数。

烈度衰减关系模型采用椭圆模型，在回归衰减关系时，采用椭圆长、短轴联合衰减模型（陈达生、刘汉兴，1989），使用最小二乘法进行统计回归，相应的系数采用 GB 18306—2015《中国地震动参数区划图》给出的相应系数（肖亮、俞言祥，2011；宣贯教材 P173 页），见表 1-8。

表 1-8　地震烈度衰减关系系数

分区 \ 系数	A	B	C	R_0	标准差 σ
青藏区	6.4580	1.2746	−4.4709	25	0.6636
	3.3682	1.2746	−3.3119	9	

在表 1-9 中列出了综合利用这些方法评定的对场地有一定影响的 11 次中强震的地震参数。

表 1-9　历史地震对场地的最大影响烈度目录（资料截至 2015 年 8 月）

发震时刻 年-月-日	震中 纬度 /°	震中 经度 /°	震中 参考地名	震级 M_S	震中烈度	震中距场地的最小距离 /km	对场地的影响烈度
1927-03-16	38.20	98.20	青海哈拉湖东	6		144	< Ⅴ
1930-07-14	38.10	98.20	青海哈拉湖东	6½		135	< Ⅴ

发震时刻 年–月–日	震 中			震级 M_S	震中烈度	震中距场地的最小距离/km	对场地的影响烈度
	纬度/°	经度/°	参考地名				
1937–01–07	35.50	97.60	青海阿兰湖东	7½	X	177	V
1938–08–23	37.40	98.50	青海天峻西	6		52.3	V
1963–04–19	35.70	97.00	青海阿兰克湖	7	IX⁺	190	V
1971–03–24	35.50	98.10	青海玛多北	6.3	VIII	162	< V
1990–04–26	36.06	100.33	青海共和西南	7.0	IX	192	< V
1994–01–03	36.10	100.10	青海共和	6.0		172	< V
2003–04–17	37.50	96.80	青海德令哈	6.6	VIII	162	< V
2001–11–14	36.20	90.90	青海昆仑山口西	8.1	XI	680	< V
2014–10–02	36.42	97.79	青海乌兰	5.3	VI	84	< V

在中国地震局编制的《中国地震综合等震线》（1990）基础上，根据目前收集到的等震线资料，增补了1987年之后有影响的一些地震，编制了本次工作的区域综合等震线图（图1-14）。

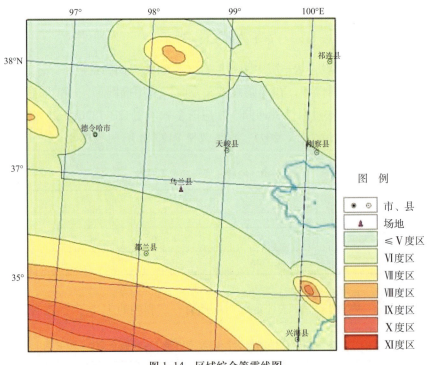

图1-14 区域综合等震线图

综上所述，历史地震对工程场地的最大影响烈度为V度，其影响主要来自于近场中强震和远场大震。工程场地所在区域范围地处中国西部，1900年以前地震记载严重缺失，区域记载的最早地震为1927年3月16日青海哈拉湖东6.0级地震。因地震记录时间较短，历史地震记载不全，历史地震影响烈度的评价结果可能会低估未来的地震危险性。

第七节　地震活动性综合评价

区域地处西北地区，历史地震记载不全，区域记载的最早地震为1927年3月16日青海哈拉湖东6.0级地震，最大地震为1937年1月7日青海阿兰湖东7½级地震。自有记录以来区域内共记录到 $M \geqslant 4.7$ 地震31次。

区域内主要涉及了青藏地震区内的柴达木—阿尔金地震带（V2-3），东北角涉及六盘山—祁连山地震带（V2-2），西南角少部涉及巴颜喀拉山地震带（V3-1）。

区域内地震活动在空间上呈明显的不均匀分布，区域强震震中分布表明：区域强震的发生和展布受区域深大断裂的控制，区域范围内控制性断裂的走向以NW、NWW向为主，强震的发生在区域范围内表现为东南部和西北部强、东北部相对较弱的特点。

鄂拉山断裂带是一条现今活动明显的全新世断裂带，晚更新世晚期以来的平均水平滑动速率为（4.1±0.9）mm/a。断裂中段与大柴旦—宗务隆山断裂带的交汇处，1938年8月23日曾发生6级地震，该地震距离小区划目标区的最近距离约52.3km，对工程场地的影响较大。

区域内中强以上地震和近代小震的地震震源深度分布在1～40km范围内，优势分布层位于5～30km。区域内的地震属于地壳中上层的浅源构造地震范畴。

柴达木—阿尔金地震带活动特征为1900年以来一直处于地震能量释放加速阶段，未来活动水平估计：不低于1900年以来的地震活动水平。六盘山—祁连山地震带的平均活动准周期约为300年，自1450年以来地震带大致经历了2个地震活跃期，目前正处于第2个活动期的后期，未来活动水平估计：处于活跃期水平。巴颜喀拉山地震带1900年以来地震活动较活跃，因该地震带历史地震记录时间太短（不足一个活动期），无法划分完整的地震活动期，未来地震活动水平估计：不低于1900年以来的地震活动水平。

区域范围内的新褶皱所反映的古构造应力方向、现代构造应力场方向、中强地震的震源机制主压应力方向显示区域主压应力方向集中在30°～70°之间，其平均主压应力方向为NE向。

工程场地所在区域范围地处中国西部，地震记录时间较短，历史地震记载不全，1900年以前地震记载严重缺失，区域记载到的最早地震为1927年3月16日青海哈拉湖东6.0级地震。

截至2015年8月，综合评定对场地有一定影响的中强震有11次，其中，1937年1月7日青海阿兰湖东7½级地震对工程场地的影响烈度为V度，该地震距离小区划目标区约177km；1938年8月23日青海天峻西6级地震对小区划工程场地的影响烈度为V度，该地震距离小区划工程场地约52.3km；1963年4月19日青海都兰阿拉克湖7.0级地震对小区划工程场地的影响烈度为V度。其余7次中强震对小区划工程场地的影响烈度小于V度。综合评定历史地震对小区划工程场地的最大影响烈度为V度。

第二章 区域地震地质环境

区域地震地质环境，指的是工程场地外延不小于150km范围的地震地质条件，内容是研究本区域内的地震构造条件，目的是找出区域内构造活动与地震活动的相互关系。因此，本章将对本区域内的大地构造环境、地球物理场及地壳结构特征、新构造特征、构造应力场特征、主要活动断裂带和地震构造运动特征等六个方面的内容进行阐述。在此基础上，对工程场地的区域地震地质背景进行简要的评价。

第一节 区域大地构造环境概述

依据《中国大地构造及其演化》（任纪舜等，1980）中的划分原则及方法，并参考《中国岩石圈动力学概论》（丁国瑜等，1991）中的有关章节，结合实际的工作成果，对本工作区进行了大地构造单元的划分。划分结果见图2-1和表2-1。

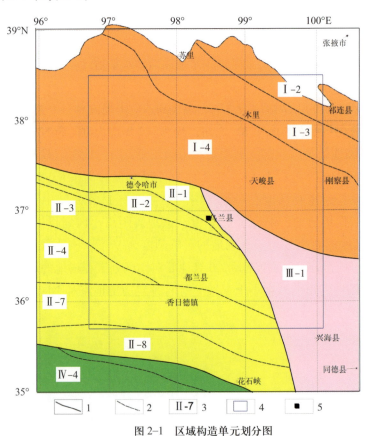

图2-1 区域构造单元划分图

1.一级大地构造单元；2.二级大地构造单元；3.构造单元编号；4.研究区范围

从图 2-1 中可以看出，区域内共划分出了 3 个一级构造单元，10 个二级构造单元。

表 2-1 区域大地构造单元划分简表

一级构造单元	二级构造单元
祁连褶皱系 I	北祁连优地槽褶皱带 I–2
	祁连中间隆起带 I–3
	南祁连褶皱带 I–4
东昆仑褶皱带 II	达肯达坂褶皱带 II–1
	欧龙布鲁克隆起带 II–2
	柴达木北缘优地槽褶皱带 II–3
	柴达木坳陷 II–4
	东昆仑中间隆起带 II–7
	布尔汉布达优地槽褶皱带 II–8
秦岭褶皱带 III	南秦岭冒地槽褶皱带 III–1

这里着重介绍与场地位置紧密相关的二级构造单元的主要特征及其发育简史。

1. 祁连中间隆起带（I–3）

该带是中国地台褶皱基底的残余，由晚元古代的扬子褶皱的变质杂岩构成。早古生代期间一直处于隆起状态。志留纪的晚加里东运动，产生了以 NW 向为主的紧密状褶皱系和巨大的压性大断裂。经晚加里东运动后，经历了泥盆系的强烈上升和夷平，石炭纪时又被海水淹没，沉积了浅海相的灰岩和海陆交互相的含煤岩系。二叠、三叠纪时，以中祁连北缘深断裂为界，南为浅海滨相沉积，北为陆相盆地沉积。三叠晚期的印支运动后，随着我国西南巨大的印支褶皱系的形成，该区上升为陆地，结束海浸历史。进入新生代，尤其是喜马拉雅运动使该区隆升加剧。

2. 南祁连褶皱带（I–4）

为一优地槽褶皱带。除拉脊山地区具较好的蛇绿岩套外，中、上寒武系至中、下奥陶统中的火山岩一般为安山质和安山玄武火山岩等，仅在与中祁连交接处，沿中祁连南缘深断裂带木里等地见较大规模的超基性–基性岩体分布。中奥陶世该带遭受了强烈的加里东运动，并使该地槽发生分化；志留纪处于地槽封闭前夕，志留纪中晚期海水逐步退缩；经晚古生代缓慢抬升，于中生代晚期才转化为褶皱带；新生代又进入强烈隆起阶段。

3. 达肯达坂褶皱带（II–1）

该带南北边界均为断裂围陷，其内部具有前震旦系结晶基底及下古生界地台型构造。晚古生代进入活化期，泥盆—下二叠统构造成南北地槽型构造层。进入新生代后该区不断抬升，造成断裂发育。出露地层为下元古界结晶基底和长城系—青白口系浅变质岩，有较多华力西期、印支期中酸性岩体呈带状分布。

4. 欧龙布鲁克隆起带（II–2）

西起柴达木湖，东至全吉山。主要由长城系中—深变质岩结晶基底及其上三套地台盖层组成：长城系—青白口系浅变质岩、震旦系—中奥陶统和上泥盆系—石岩系岩层；中、新生界盖层由侏罗系—第四系组成。寒武纪—泥盆纪地层是以地台型沉积建造为主（碳酸岩），上奥陶—中泥盆统地层缺失，第四系其隆升程度较强烈。主要构造线方向为 NW—NWW。

5. 柴达木北缘优地槽褶皱带（Ⅱ-3）

位于柴达木坳陷的东北缘。其最老地层是前长城系中—深变质岩系，其上为长城系—蓟县浅变质地台型盖层，呈若干条带，周围为断裂围陷。寒武纪—泥盆纪以地槽型沉积建造为主，发育比较典型的蛇绿岩套地层，晚泥盆世地槽发展已基本结束，为陆相、海陆交互相碎屑岩、火山岩等；石炭纪—二叠纪沉积转化为地台型碳酸岩沉积建造；中生代继承着晚古生代阶段的发育并缓慢抬升，自喜马拉雅运动以来强烈抬升，造就了该区第三系与下更新统之间的角度不整合。整个区域超基性岩较为发育，呈带状分布，延展方向和区域构造方向一致。

6. 柴达木坳陷（Ⅱ-4）

柴达木坳陷是一个中、新生代的大型山间坳陷，是中生代，特别是新生代以来中国西部特提斯—喜马拉雅构造区域强烈活动的结果。柴达木盆地的基底是一个"拼盘"：北半部为柴达木北缘早华力西优地槽褶皱基底；西段茫崖一带为祁曼塔格晚华力西褶皱基底；东段达布逊湖和柴达木河地区为布尔汉布达中间隆起带的扬子褶皱基底。基底上部主要为上泥盆统和石炭系盖层，地表主要由新生界组成。早古生代阶段该区脱离中国地台相对向南移动，中晚寒武世其南部为古陆剥蚀区，晚古生代其西北缘形成了隆起剥蚀区，此时，整个地区开始沉降且向西倾斜，至二叠纪该区大部分成为陆地；陆相盆地沉积始于侏罗纪，说明侏罗纪时该区已具盆地雏形；进入新生代后，周边山系不断抬升，断裂活动加剧，两侧山系向盆地对冲，盆地基底强烈下陷，形成一个被山系包围的宽阔堆积区。

7. 东昆仑中间隆起带（Ⅱ-7）

位于柴达木坳陷南部边缘，主要为中生代及其以前地层的隆起山地。早古生代曾经强烈褶皱；晚古生代缓慢抬升，为陆相、海陆交互相沉积；喜山运动以来该带强烈抬升，缺少老第三纪地层；上新世末期以来，地壳上升加剧。该区山脉走向与构造线方向均为 NW—NWW 向。

8. 布尔汉布达优地槽褶皱带（Ⅱ-8）

位于东昆仑中间隆起带以南，北邻巴颜喀拉褶皱带。本带多认为属于华力西—早印支优地槽褶皱带，但严格说来，它并不是一个独立的褶皱带，而是北巴颜喀拉褶皱带与东昆仑中间隆起带相互叠加的后期推覆构造带。主要发育晚古生代构造层及印支早期构造层，此外尚有少量晚二叠世构造层及喜马拉雅期陆相断陷沉积。缺少上三叠统；侏罗纪为陆相含煤碎屑岩，与下伏地层呈区域角度不整合接触。本带大小活动断裂十分发育，以 NWW 向为主，东西两端为 NW 向。

9. 南秦岭冒地槽褶皱带（Ⅲ-1）

震旦系—奥陶系基本上为地台型，志留纪才开始地槽型沉积，但震旦系—三叠系基本为连续沉积，仅在关东以东在志留系与泥盆系之间有局部不整合存在，重要的构造运动发生在中、晚三叠时期，所以它是一个典型的印支冒地槽褶皱带；喜马拉雅旋回，处于隆起、上升背景。

第二节　区域地球物理场及地壳结构特征

一、区域重力场特征

重力场是反映地球密度分布特征的地球物理量，是决定地球形状的主要因素之一。根据地壳均衡原理，布格重力异常为负值，表示地壳较厚，或地下物质密度较小；布格重力异常为正值，表明地壳较薄或地下物质密度较大。由于布格重力异常是大地水准面之下地壳内部物质密度分布不均匀程度的综合反映，因此，常用来推测地壳内部的大型断裂及反演莫霍面形态。在布格重力异常图上，推断断裂的主要依据是：①走向明显的重力梯度带；②不同特征重力场的分界线；③条带状重力异常在其轴向上的突然中断、转折或异常轴的水平错动。

图2-2是区域布格重力异常图，区域布格重力异常值在（-380～-480）×10^{-5}m/s^{2}之间，均为负值，说明区域地壳厚度较厚，内部密度较小，质量亏损。研究表明，大型重力梯级带一般对应一级构造单元边界，小型重力梯级带常反映次级构造分界线及断裂，它们是布格重力场的骨架。本区的阿尔金山—祁

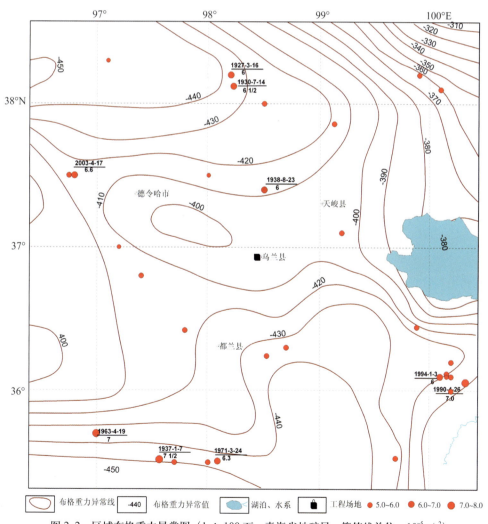

图2-2　区域布格重力异常图（1：100万，青海省地矿局，等值线单位：10^{-5}m/s^2）

连山大型重力梯级带，它是环绕青藏高原周边大型重力梯级带东北部弧状梯级带的一部分。梯级带异常幅值为（−225～−450）×10^{-5}m/s^2，最大梯度为每千米变化 1.4×10^{-5}m/s^2。

二、区域磁场特征

如图 2−3，区内磁场主要由正磁场和负磁场构成。柴达木盆地磁异常表现为 25～100nT 的平缓正磁场区，内部有局部负异常；宗务隆山表现为磁场负异常区，南北两侧磁场变化明显。柴达木盆地北缘断裂东段表现为磁场的负异常，其中断裂与磁异常梯度带展布方向一致。共和盆地内异常线较稀疏，变化很小。

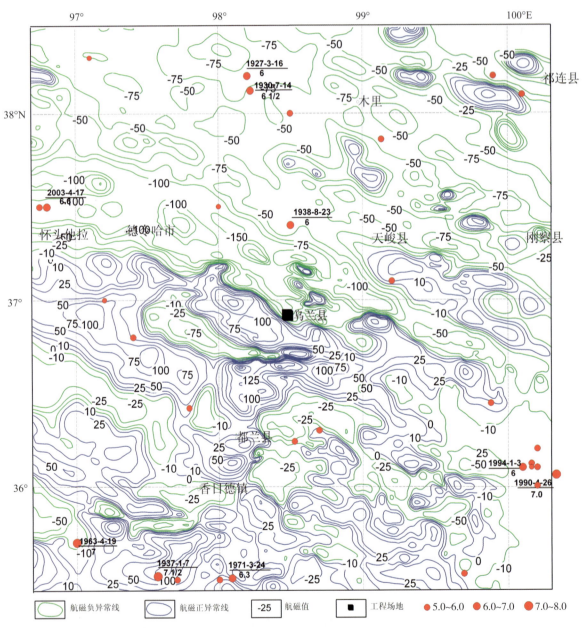

图 2−3　区域 1°×1° 航磁异常（ΔT_a）图（1：100 万，青海省地矿局，等值线单位：nT）

三、地壳结构特征

图 2-4 为区域地壳厚度图。从图中可以看出，自昆仑山东延，经阿尔金山到祁连山为一地壳突变带，总体走向为 NWW，变化幅度达 10km 以上。自北向南地壳厚度由 54km 增加到 64km，最大变化梯度达每百千米落差为 8km。总的来说，区内存在两个莫氏面变异带：即阿尔金—祁连山北缘和东昆仑南缘莫氏面变异带，两侧地壳厚度分别相差 10km。工作区所处的整个青藏高原为一巨厚的壳体，这个壳体仍以 2mm/a 的速率增厚。

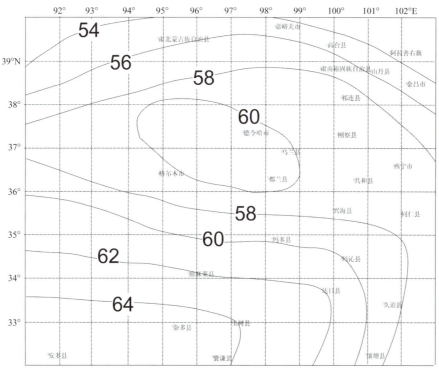

图 2-4 区域地壳厚度图（1：500 万）

第三节 区域新构造运动特征

新构造运动是指第三纪晚期以来的构造运动，是地质史上最新的构造运动。它是使现今地貌轮廓形成的构造运动，而且新构造应力场与现代构造应力场基本相同。因此研究新构造运动的特征是研究现代构造运动特征的重要方面，也是地震地质工作的一项重要任务，因而它对重大工程的危险性评价研究起着重要的基础作用。

一、新构造运动分区

印度板块的强大推挤作用使青藏高原强烈隆起，奠定了中国西部新构造运动时期的基本轮廓。然而由于不同块体内部结构以及边界条件的不同，造成新构造运动在不同地区具有较大的差异。为此参照前人的资料对工作区及其邻近地区进行了新构造运动的分区，其分区结果见图 2-5 及表 2-2。

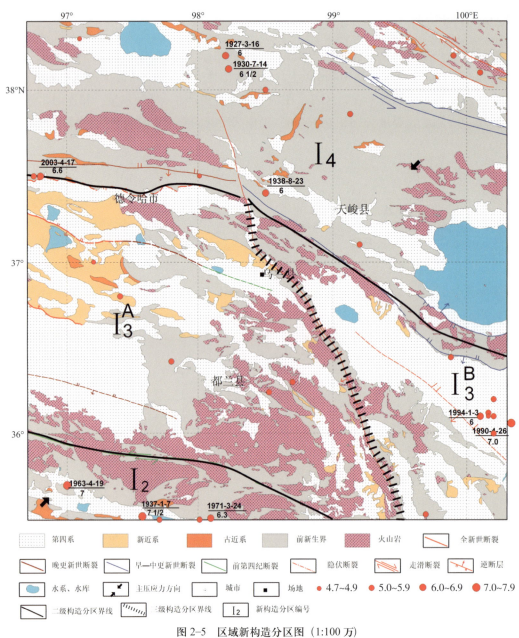

图 2-5　区域新构造分区图（1:100 万）

表 2-2　新构造分区表

一级	二级	三级
青藏断块区 I	藏北青南强烈上升区 I_1	藏北块体 I_1^A
		巴颜喀拉块体 I_1^B
	东昆仑断隆 I_2	
	柴达木—共和强烈沉降区 I_3	柴达木断陷 I_3^A
		共和断陷 I_3^B
	祁连山—阿尔金强烈上升区 I_4	哈拉湖—青海湖断隆构造区 I_4^A
		南祁连断隆 I_4^B

1. 东昆仑断隆（I₂）

该区北以柴达木南缘断裂带为界，南以东昆仑活动断裂带与巴颜喀拉地块相邻。主要以中生代及其以前地层组成的隆起为主。其山系与构造线方向较一致，地壳厚度60km左右。东段以布尔汗布达山为主体，呈EW向展布；西段以昆仑山、祁曼塔格山为主体，呈NWW向展布。喜马拉雅运动以来，本区强烈抬升，第四纪断裂活动强烈。

2. 柴达木—共和强烈沉降区（I₃）

此区为第三纪以来强烈沉降区，呈NWW向展布，包括柴达木盆地与共和盆地等。新生代以来，由于青藏高原不断抬升，盆地周边山系也同步隆起，边缘断裂活动加剧，两侧山系向盆地对冲，而其基底下陷，形成山系包围的堆积区。在柴达木盆地新生界最大厚度达6～7km，第四系最大厚度达2800余米。该区内部地震活动较频繁，共和盆地与柴达木盆地的最大地震分别达到7.0级和6.8级。

3. 祁连山—阿尔金强烈上升区（I₄）

该区与柴达木—共和下降区平行展布。其主要特点是喜马拉雅运动以来强烈隆起，且隆起山地与线状展布的山间断陷盆地相间排列。祁连山脉与阿尔金山脉的第一级夷平面海拔多在4000m以上，且西高东低。此区亦为地球物理场的变化异常带，其地震活动表现为频度高、强度大的特点。

二、新构造运动基本特征

新构造运动的特点可简单概括为如下几个方面。

1. 统一性

青藏高原的隆起大约始于距今3800万年的始新世和渐新世之间。超长基线测量结果表明，现今印度板块以5cm/a的速度持续向NNE方向移动。在这种力源作用下，高原地壳不断缩小，地壳厚度不断增大，高原不断隆升，形成许多再造山系，而边缘盆地则强烈下沉。

2. 阶段性及分期性

晚第三纪以来不同地质时期地貌的形成，不同地质时期地层的接触关系、地层变形和断裂运动等方面的资料均反映这一地质时期构造运动是分阶段、分期进行的，其中较强的运动有华西运动、柴达木运动、阿尔金运动和青藏运动，它们各具特色。

3. 继承性

绝大多数活动断裂均形成于中生代以前，新地质时期，在区域构造应力场作用下，沿袭老断裂的结构面再次发生运动；另一方面隆起区再度隆升，而沉降区则进一步沉降。主要表现在希里沟盆地中都兰湖—柯柯盐湖一带继续下降接受沉积。

4. 新生性

新生性主要表现在两个方面：一是在喜山运动第二幕和第三幕之间，区内地层往往形成新褶皱或新断层，如本区盆地边缘老断裂在新生代上更新世后的复活，这些新构造成分和基底构造无几何上的联系；二是同一构造形迹在不同构造时期其运动方式发生变化。

5. 多样性和差异性

新构造运动的多样性和差异性主要表现在断块的升降运动、褶皱运动、断裂的倾滑运动和走滑运动等。

三、区域地貌与新生代盆地特征

区域现代地貌和夷平面特征是最新地质时期的产物。全新世以来有多级阶地发育，并出现不同高度夷平面，表明全新世以来间歇式上升运动一直持续到现代。

1. 区域地貌特征

区域地貌，自西向东可分为西、中、东三段，其三个界线分别为：①酒泉西—天峻西—花石峡—达日东一线；②张掖西—玛曲一线；③武威—文县一线。西段主要由柴达木强烈沉降和昆仑山一线强烈隆起组成。柴达木盆地平均海拔2700m左右，昆仑山山口北侧主脉达5700m以上。中段以青海湖盆地与共和盆地为主形成相对沉降区，其南北两端相对上升，分别形成海拔较高的山区。在青海湖盆地与共和盆地之间的青海南山，最大高程达4600m。

东侧为青藏高原的东部边缘地带，西高东低，地形地势发生陡变。此段水系也较发育，且形成不同程度的多级阶地。

研究区主要位于西段，地势有南高北低、自西向东而降的特点。除前述自西向东存在的地貌阶梯带外，同时还存在着规模较小的NNW向地貌阶梯带和NE向地貌阶梯带，它们在空间上间距相近（多在120km与240km左右），组成棋盘格状结构。其高程变化由夷平面的变化明显地表现出来。

2. 新生代盆地

本区新生代盆地是新生代地层的主要分布地区，其厚度最厚可达数千米。巨厚的沉积物，反映了盆地区新生代以来长时期的下沉，也反映了邻近山地地区新生代以来不断的抬升。在一定时期内，沉积物厚度的变化，反映了新构造运动的空间差异性，同时也反映了新构造运动的时间变化与强度变化，是新构造运动的"纪年表"。本区域新生代盆地分布较多，这里主要论述工程场地周围的大型盆地。

（1）柴达木盆地

柴达木盆地是一个新生代压性大型坳陷盆地，长期处于相对下沉之中。早第三纪时的沉积中心在冷湖一带。晚第三纪早期，昆仑山强烈抬升，盆地西南部下沉，茫崖一带为其沉积中心。第三纪晚期，原冷湖中心与茫崖中心都向NE方向迁移。第四纪时期，其中心又向SE转移，基底受到横切盆地的乌图美仁西侧活动隐伏大断裂的控制，其中心转移到台吉乃尔湖—霍布逊湖—达布逊湖一带，并有继续向SE转移的趋势，第四系沉积厚度为2800余米。

（2）希里沟盆地（乌兰盆地）

希里沟盆地是一个新生代坳陷带内的山间盆地，沉积中心在都兰湖一带，属第四纪内陆湖。晚第三纪时，由于新构造运动差异性，盆地形成了两个沉积中心，一个在都兰湖，另一个在可可盐湖。这两个坳陷仍是盆地中最低洼的地区。早第四纪时，盆地中的差异运动强烈，山地断块上升，盆地内为间歇性式上升。盆地内沉积厚度达1000余米。

（3）茶卡—共和盆地

茶卡—共和盆地是一个新生代的断陷沉积盆地，沉积中心在更尕海一带。晚第三纪时，由于新构造运动差异性，盆地形成了两个沉积中心，一个在更尕海，另一个在英德海。这两个坳陷仍是盆地中最低洼的地区。早第四纪时，盆地中的差异运动强烈，山地断块上升，盆地内为间隙性式上升。盆地内沉积厚度达1000余米。

四、新构造运动与地震

地震是构造活动的一种表现形式，它与活动构造及其运动特征有着密切关系。已有资料证实，地震带往往与新构造运动强烈地带相吻合，强震多分布在新构造运动强烈地区，如柴达木—共和强烈断陷区和祁连山—阿尔金强烈上升区等，多是中强地震频繁发生的地带，而在新构造运动微弱地区发生地震的强度与频度则较低。一般来说，7级以上大地震多发生在一级或二级新构造分区边界的断裂带上，如阿尔金活动断裂带、东昆仑活动断裂带等，而6级地震多发生在二级或三级新构造分区边界的断裂带上。另外，在区域上，中强以上地震多沿NNW向地貌阶梯带分布；在断陷盆地，强震的分布地段与盆地的力学性质有关，如在挤压型的河西走廊盆地，强震多分布在NWW向盆地边缘大断裂与横过其间的NNW向隆起带边缘交汇地段；又如在张性的银川盆地内部沉陷最深的地段，在横过其间的NNW向或NW向构造带附近则是强震的分布地段。

第四节　区域主要活动断裂带

活动断裂是指晚第四纪以来有过活动或新生的断裂。工作区内区域性断裂主要有14条（附图I，表2–3），各断裂带的特征见表2–3。现将与场地地震安全性关系较为密切的断裂特征叙述如下。

1. 肃南—祁连断裂（F₁）

断裂西起洪水坝河以西，向东经松木尖、大沙龙河、摆浪河、白泉河，到达黑河以西。全长170km左右，总体走向290°，倾向SW，倾角55°～60°。该断裂由多条近平行的断裂组成，并有NW、NE向的扭裂面与NNE向的张裂面相伴生。

断裂带形成于加里东期，具有多期活动的特点，其运动方式早期以逆倾滑为主，晚期具有左旋走滑的性质。断裂规模较大，延伸远，活动较为强烈，控制了加里东期基性、超基性岩及酸性火山岩的分布，火山岩、岩浆岩带宽数千米，最宽可达30km。该断裂控制了第三纪及第四纪地层沉积，晚第三纪至早第四纪为主要活动期。该断裂具有分段活动的特性，其中，东西两段活动性较弱，仅中段在九个泉、白泉门、大岔牧场至大台子等处可见古地震崩塌、古滑坡以及断错山脊、水系等现象，表明全新世（Qh）以来该断裂有一定程度的新活动性（图2–6）。因此，该断裂总体上为晚更新世活动，局部为全新世（Qh）活动（刘建生等，1994；兰州地震工程研究院，2004）。

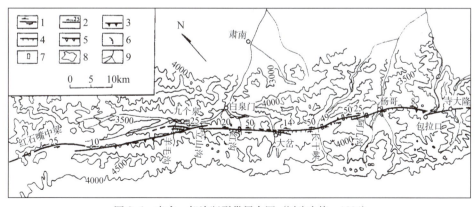

图2–6　肃南—祁连断裂带展布图（刘建生等，1994）

1.走滑断层；2.水平错动方向及错动量；3.断层三角面；4断层崖；5.基岩断层崖；6.滑坡体；7.探槽位置；8.等高线（m）；9.水系

表 2-3　区域主要活动断裂带一览表

编号	断裂名称	断裂长度/km	走向	倾向	断裂性质	最新活动时代	地震活动情况
F_1	肃南—祁连断裂带	170	290°	SW	逆冲兼左旋	Qh–Qp₃	
F_2	托莱山断裂	>280	N60°W	SW	逆冲	Qh	
F_3	哈拉湖断裂	120	NWW	NE	左旋兼逆冲	Qh	
F_4	疏勒南山断裂带	400	NWW	NE	逆冲	Qp₃	沿带有 5 级左右地震分布
F_5	大柴旦—宗务隆山断裂带	310	NWW—EW	NE	左旋兼逆冲	Qp₂–Qp₃	2003 年 4 月 17 日发生德令哈 6.6 级地震
F_6	宗务隆山南缘断裂带	200	NWW	NE	逆冲	Qh	沿带有 5 级地震分布
F_7	大柴旦—尕海断裂	230	NW	SW	逆冲	Qh–Qp₃	有 5 级左右地震分布
F_8	鄂拉山断裂带	207	NW—EW	SW	逆冲	Qh	断裂西段有中强地震分布，最大 6.3 级
F_9	青海南山北缘断裂带	160	NWW	SW	逆冲	Qp₃	无地震活动
F_{10}	青海南山南缘断裂带	100	NWW	NE	逆断兼左旋	Qp₃	无地震活动
F_{11}	哇玉香卡—拉干断裂	150	NW	SW	逆冲	Qh	1990 年发生共和 7.0 级地震，后又发生过多次中强地震
F_{12}	柴达木盆地北缘断裂	230	EW	N	逆冲	Qh	沿带 5 级以上地震集中分布，最大 6.8 级
F_{13}	柴达木盆地南缘断裂	500	NWW—EW	SW	左旋兼逆冲	Qp₂–Qp₁	沿带 5 级以上地震集中分布
F_{14}	昆中断裂	>1000	EW	N	逆冲	Qp₂–Qp₁	有 5 级左右地震分布
F_{15}	东昆仑断裂带	>1000	EW—NWW	NE	左旋兼逆冲	Qh	2001 年 11 月 14 日昆仑山口西 8.1 级地震

　　肃南—祁连断裂形成时代较早，曾经历多期构造运动，早白垩纪末期以来活动加剧，直至晚更新世乃至全新世活动。

　　该断裂在梨园河上游的九个泉、白泉门至大台子一带，断裂新活动强烈，地貌上常形成断陷谷地。沿断裂、沼泽地、洪积扇和泉点成排出现，山脊、水系、洪积扇和河流阶地发生明显的左旋断错变形，全新世有明显活动（图 2-7）。活动表现如下：

　　（1）断错洪积扇：在大岔牧场以东，晚更新世以来形成的冲、洪积扇左旋错移，垂直高差约 3 ～ 10m，左旋错距亦为 10 余米。

　　（2）断错山脊、水系：大岔牧场南侧的山体边缘沿断裂有一系列的孤山、残丘呈线性分布，并形成数十米的断崖，在大长干河两侧被左旋断错的沟谷、水系较为常见，断错纹沟现象也屡见不鲜。

　　（3）断层陡坎：大岔牧场和大长干河以东，逆冲断层陡坎发育，断坎坡度多显示出明显转折，表明断层的多次活动。

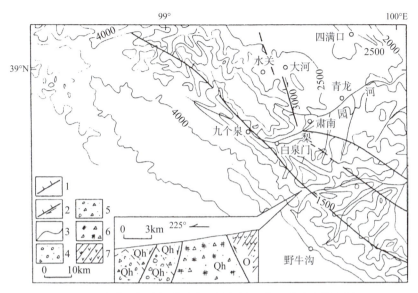

图 2-7　肃南—祁连断裂活动断裂分布图（据王多杰资料改编）

1.逆冲断裂；2.逆走滑断裂；3.地形等高线（m）；4.全新统亚砂土含砾石；
5.全新统砾石层；6.第四纪挤压破碎带；7.奥陶系火山岩

（4）基岩崩塌与滑坡：在摆浪河、九个泉及白门泉一带，滑坡发育，山崩现象多处可见，古滑坡体普遍存在，还见到一些古裂缝现象，为断裂全新世以来的活动提供了佐证。

（5）全新世活动断裂：据廖元模、王多杰等人研究，在大岔牧场与长干河间，奥陶纪地层逆冲于第四系全新统砂、砾石之上，为全新世断层现象。

综上所述：肃南—祁连断裂的中段为全新世活动段，西段为晚更新世活动，东段以黑河为界，黑河以东为前第四纪断裂。

2.托莱山断裂带（F₂）

托莱山断裂是青海省北部地区左旋走滑活动最清晰的断裂带之一，东起冷龙岭下的硫磺沟口，西端延到祁连县南的冰沟、沿大通河到哈拉湖止，全长大于280km。该段断裂是广义的海原—祁连左旋走滑断裂的西延段。断裂在形态上呈平滑的舒缓波状延伸，线性特征清晰。断裂东起于硫磺沟拐弯处河北岸，沿二道沟、狮子口、菜日图河向西延伸，走向近EW，倾向S，倾角70°左右，具逆断层性质。主要断错在奥陶系与二叠系之间。地貌上线性构造清晰，在硫磺沟口西半山坡上断错一串隆起梁脊（图2-8）。

图 2-8　硫磺沟沟口西断层地貌（镜向 W）

在二道沟东岸一个冲沟底部见灰岩破碎带逆冲到全新世坡积物之上，有黑色和红色断层泥条带，其新活动显著（图2-9）。

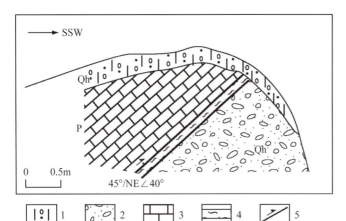

图 2-9 二道沟东断层剖面图
1. 腐殖土夹碎石；2. 坡积砾石；3. 石灰岩；4. 断层泥；5. 逆断层

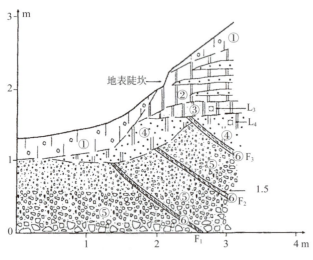

图 2-10 小八宝河东沟探槽西壁剖面
①灰黑色含碎石腐殖土；②黑色断层泥沉积，夹土黄色砂层条带；
③黑色和红色含粉砂质黏土；④红色粉砂含黏土；⑤碎石角砾与
红色粉砂粗砂混杂堆积；⑥橘黄粗砂、角砾组成的断层错动面

在小八宝河东沟内第三条冲沟的西梁上，地表仍保存着自由面的反向陡坎。经探槽开挖发现剖面上至少存在 2 次古地震事件（图 2-10）。剖面上共有 3 条断层平行分布，走向 295°，倾向 NNE，倾角 37°～42°，断面宽 1～2cm，由橘黄色粗砂质断层碎裂岩组成，显示剪切性质。剖面下部层⑤为土黄色碎裂岩带中的粗砂和角砾，被 F_1 和 F_2 断层断错，其上覆盖了层④红色粉砾含黏土，为第一次古地震事件；F_3 断层又切穿了层④被层③所覆盖，为第二次古地震事件。层④的释光年龄为距今（13960±1020）年，F_2 断层物质的释光测年结果为距今（13240±940）年，由此可见第一次古地震事件发生在 13000 多年前。层③的释光测年结果为距今（6080±450）年，第二次古地震事件发生在此之前。

从以上结果可以看出，托莱山断裂带上的地震复发周期大致为 2000～3000 年，并由此推测在小八宝河东沟探槽内的两次古地震事件之间，距今 9000～10000 年间，还应有一次古地震事件。

3. 哈拉湖断裂（F_3）

哈拉湖断裂是祁连山—海原大型左旋走滑断裂带西端的左旋走滑断裂（图 2-11）。根据高分辨率的航卫片解译结果，哈拉湖断裂带由大通河谷地的托勒乡起，向西经江仓附近的日子山、莫日曲，木里附近的驮鞍山，越过哈拉湖盆地的团结峰止。总体走向为 NWW 向，长约 120km。该断裂大致由 4 条次级断层段以右阶或左阶斜列而成。断裂新活动明显，沿断裂形成一系列断层垭口、断层陡坎、断层泉、断错冲沟和现代小断塞湖等微地貌现象，并在断裂不连续阶区部位形成典型的分段构造样式，其中，在左旋右阶区形成明显的挤压山，如日子山、驮鞍山等，而在左旋左阶区则形成拉分区。

哈拉湖断裂的左旋走滑活动造成的断错山脊和冲沟等现象也非常明显，如在大通河谷地北侧，断裂线性特征清晰，形成了多条左旋断错冲沟，断距几十米到上百米不等。这表明哈拉湖断裂是一条连续性好、晚第四纪活动性强的左旋走滑断裂，断裂的走滑速率约为 0.8～1.2mm/a，平均 1mm/a 左右（袁道阳等，2008）。

4. 疏勒南山断裂带（F_4）

疏勒南山断裂带位于研究区北部，哈拉湖北侧，疏勒南山南侧。断裂带西起疏勒南山南坡，经哈拉

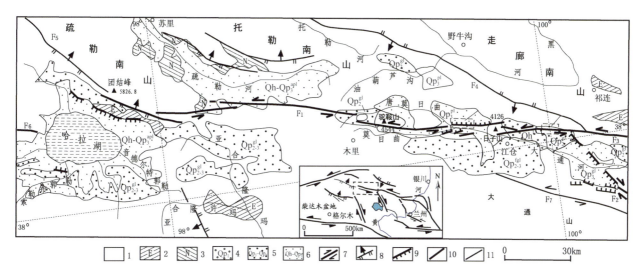

图 2-11 哈拉湖断裂分布图（袁道阳等，2008）

1. 前第三系；2. 古近系；3. 新近系；4. 早更新世；5. 中—晚更新世；6. 晚更新世—全新世；7. 走滑断裂；
8. 逆断裂；9. 断层陡坎；10.Qh 断裂；11.Qp₃ 断裂；F₁. 哈拉湖断裂；F₂. 热水—日月山断裂；F₃. 托勒山断裂；
F₄. 野牛沟断裂；F₅. 疏勒南山断裂；F₆. 党河南山断裂；F₇. 大通山—大坂山断裂

湖北、木里至刚察大寺北，长约 400km。主要由数条平行的断裂组成，总体呈 NW60°～75° 方向展布，
西段倾向 N、倾角 40°～50°，往东变为 S 倾，倾角 60°～65°，具逆冲性质并兼左旋扭动特征。断层
经过区域海拔最高超过 5000m，断层中段控制了河流的发育，河流沿断层破碎带形成的沟谷分布，沟谷
两侧存在特征明显的陡坎、三角面构造地貌，水系也存在局部的左旋位错现象，反映了断裂带具有一定
的左旋性质（图 2-12～图 2-14）。

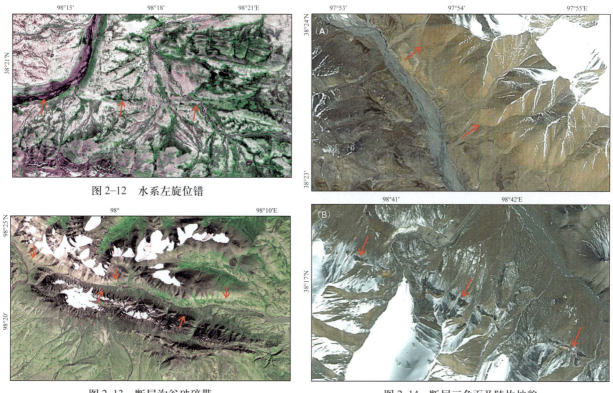

图 2-12 水系左旋位错

图 2-14 断层三角面及陡坎地貌

图 2-13 断层沟谷破碎带

断裂带形成于古生代早期并控制下古生代复向斜南界，中期控制着交互相的中、下三叠统及陆相侏罗系的南界。新生代以来活动明显，沿断裂泉水广泛出露，疏勒南山南缘呈现整齐的断层陡坎，木里—刚察大寺和热水煤矿北发育有一系列鞍部及沟谷负地形，并控制了哈拉湖盆地和大通槽地的形成，沿带5级左右地震活动频繁。

5. 大柴旦—宗务隆山断裂带（F₅）

大柴旦—宗务隆山断裂带为一区域性断裂带，由一束密集断裂组成，主断裂西起赛什腾山北缘，沿宗务隆山南坡延伸与鄂拉山断裂相接，总体呈 NWW—EW 向延伸，长约310km，倾向 NE，倾角35°～50°，区域上为二级构造分区的边界断裂。断裂带在平面上呈左接斜列展布的锯齿状，地貌反差显著，两侧山势陡峻，中间为第三纪—第四纪带状谷地。断裂东段为柴达木北缘台缘褶皱带与欧龙布鲁克台隆的分界。断裂生成于中奥陶世末期，华力西期早期，断裂活动性增强；印支期，断裂活动性减弱；燕山期—喜马拉雅期仍有活动，控制断陷盆地的生成。前人研究表明，该断裂带在中更新世至晚更新世时期，曾有较强烈的活动，现今仍有中强地震分布。该断裂带的一系列断裂展布在研究区内，为叙述方便，按其展布的地理特征，将其分为三段，即西段（达肯大坂山段）、中段（宗务隆山段）和东段（布赫特山段）。各段又有多条断裂展布，分述如下。

（1）达肯大坂山段

断裂西起塔楞河口，向南东沿达肯大坂山西南边缘呈舒缓波状延伸，长度约20km，总体走向 NW40°，倾向 NE，倾角50°～60°，断裂活动具有挤压逆冲性质，挤压破碎带宽约30m。断裂断错在震旦系之内，可见北盘震旦亚界达肯大坂群片岩向 SW 逆冲到震旦亚界全吉群砂岩之上（图2-15）。航卫片解译有清楚的线性显示，基岩山区沿断裂存在明显的高差，并有山坡脊断错及断层三角面，考察中未发现断错上更新统和全新统证据，推测断裂在第四纪早中期有过活动，为早中更新世断裂。

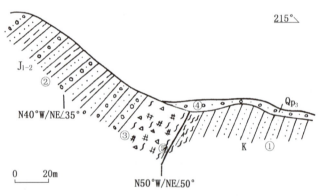

图 2-15　绿草山东口沟南东 2km 处断层剖面素描图
①砂岩；②泥质含砾砂岩；③断层破碎带；④砾石层；⑤断层及性质

在绿草山附近，断裂西段可见震旦亚界达肯大坂群逆冲到侏罗系之上；东段可见侏罗系和老第三系逆冲到白垩系之上，以及白垩系逆冲到新第三系上新统之上等复杂关系，航卫片解译表明，断裂地貌上线性构造清楚，有断层三角面及基岩断崖展布，并有断层泉出露。野外考察未发现第四纪晚期活动的证据和迹象显示。如图2-16所见断层露头剖面，断裂活动显示出较强的挤压特征，挤压破碎带宽约30m，断面倾向 NE，倾角50°，断面之上的晚更新世砾石层未断错。其活动时代应在晚更新世早期，为晚更新世活动断裂。

（2）宗务隆山段

断裂西起石底泉附近，向东经大包尔扎图、乌兰大坂至巴音河以西，被鄂拉山断裂所截，基本上沿宗务隆山主脊呈舒缓波状延伸，全长160km，总体走向近 EW，西段倾向 N，倾角50°～70°，东段倾向 S，倾角约70°，断裂在大包尔扎图呈微向南凸出的弧形。断裂规模较大，由多条次级平行断裂组成，形成于印支期，后期经历多次活动。断裂北盘由二叠—三叠系及志留系构成，南盘以石炭系为主，断裂活动具有挤压逆冲性质，可见到石炭系逆冲于二叠系、三叠系之上，挤压破碎带宽20～50m。沿断裂追索，可见岩石挤压破碎强烈，糜棱岩及挤压透镜体发育，也可见到花岗斑岩脉充填及牵引拖曳褶皱现象。

该断裂航卫片皆有良好的线性构造显示，沿断裂展布多处 EW 向山间谷地、陡坎及鞍状山垭口，有诸多泉水分布。断裂在巴音河一带可见切割下更新统砾岩的露头剖面（图 2-16），但巴音河Ⅳ级阶地未见断错。以上现象表明，该断裂带在第四纪早、中期有过较强烈的构造活动，而第四纪晚期不活动或活动减弱。断裂沿线现今地震活动较弱，无 6 级以上地震分布。

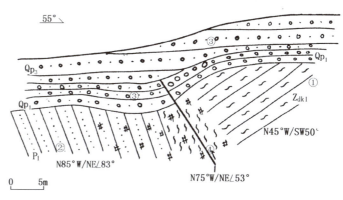

图 2-16 巴音郭勒河口西侧断层剖面素描图
①变质岩；②砂岩；③砾石层；④断层及性质

1）泻水峡断裂

断裂展布于宗务隆山南麓，西起泻水峡中游，向东延伸至达乎尔沟以西 5km 处，全长 24km，总体走向 NW65°，倾向 NE，倾角 45°～50°，断裂东西两端都出现分叉，断裂活动具挤压逆冲性质。东段可见石炭系逆冲到二叠系之上，存在宽约 20m 的挤压破碎带，并有花岗斑岩脉穿插；西段见石炭系逆冲到下更新统之上。该断裂航卫片影像较清晰，地貌上呈线状负地形延伸，达乎尔沟可见断层垭口及断层残山分布，野外考察未发现断错晚更新世洪积扇及同期阶地。上述表明，该断裂的活动应在第四纪早中期，为早中更新世活动断裂。

2）泻水峡—八罗根断裂

断裂西起泻水峡，经达乎尔沟向东延伸至八罗根河下游，长 52km，总体走向 NW70°，倾向 NE，倾角 45°～74°，断裂活动具有挤压逆冲性质，挤压破碎带宽 40～60m，破碎带中有大小不等的挤压透镜体，并有花岗斑岩脉及石英脉充填。断裂西段可见石炭系千枚岩及片理化石英砂岩逆冲到三叠系砂岩及灰岩之上（图 2-17）；断裂东段发生在下更新统砾岩与上新统砂岩之间，由一系列平行逆冲断层组成，如在浩尔毛托沟所见断裂剖面中，断裂破碎带由 6 条断层组成，次级断层发育在下更新统靠近断面的一侧（图 2-18）。剖面内下更新统砾岩倾角陡立，并有挤压褶皱及揉皱现象。南侧断裂使震旦亚界达肯大坂群变质岩系与三叠系砂砾岩逆冲于第三系砂、砾岩之上，两盘产状均近于直立。航片解译表明，断裂带线性特征明显，野外考察未发现断错晚更新世洪积扇及同期阶地现象，其活动时代应在中更新世时期。

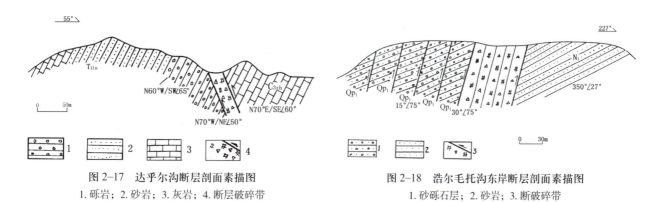

图 2-17 达乎尔沟断层剖面素描图
1.砾岩；2.砂岩；3.灰岩；4.断层破碎带

图 2-18 浩尔毛托沟东岸断层剖面素描图
1.砂砾石层；2.砂岩；3.断破碎带

3）灶火沟—巴音河水文站断裂

断裂展布于宗务隆山南麓，西起灶火沟，向东经桃斯图穿过白水河上游，终止于巴音河水文站附近，平面上呈舒缓波状延伸，全长 60 余千米，走向近 EW。在白水河及巴音河水文站以西断裂呈向南凸出的弧形。大多数地段倾向 S，倾角 45°～60°，局部 N 倾。断裂西段发生在石炭系内，东段则构成石炭系与二叠系、震旦系的分界线，巴音河水文站一带有燕山期花岗岩侵入。断裂活动具挤压逆冲性质，挤压破碎带宽大于 20m，断面附近发育牵引现象。

航片解译表明，断裂线性构造清晰，如在兑默尔河可见到十几米至几十米高的基岩断崖，高耸笔直，断崖位于Ⅳ级阶地后缘（图 2-19）。白水河Ⅲ级阶地未见断错，水文站可见次级断裂切割下更新统，其上晚更新世砾石层未见构造变动，这些表明，该断裂在早、中更新世时期有过明显活动，晚更新世以来活动减弱或不活动。

4）柏树山断裂

断裂展布于宗务隆山南麓，西起埃尾沟，向东经灶火沟、察汉森、柏树山煤矿、野马滩，终止于巴音河以东，平面上呈舒缓波状延伸，全长 70km，主体呈近 EW 走向，在察汉森至白水河一带呈向南突出的弧形。

断裂主体发生在石炭系与震旦系之间，断面 N 倾，倾角为 40°～65°，具有挤压逆冲性质，挤压破碎带宽 50～300m，带内岩石片理化发育。在白水河附近，以两条平行断裂出现，由北往南，可见上石炭统逆冲至下白垩统之上，下白垩统又逆冲到震旦系之上。断面发育有糜棱岩、挤压碎裂岩和构造透镜体（图 2-20）。

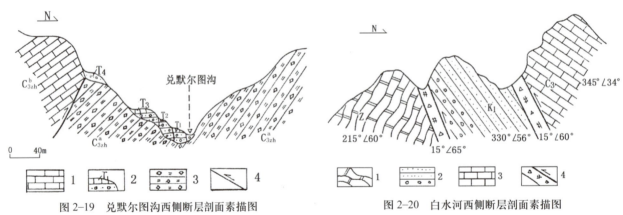

图 2-19 兑默尔图沟西侧断层剖面素描图　　图 2-20 白水河西侧断层剖面素描图
1.石炭系灰岩；2.阶地；3.石炭系千枚岩；4.断层及性质　　1.震旦系变质岩；2.白垩系砂岩；3.石炭系灰岩；4.断层破碎带

断层地貌上呈线性状负地形延伸，可见断层垭口及基岩断层三角面，在红山煤矿、柏树山及灶火沟一带则分布有小盆地，其连接线与断裂展布方向一致。根据同地区构造类比推测，断裂活动时代为早、中更新世时期。

5）白水河—红山煤矿断裂

断裂展布于宗务隆山南缘，西起白水河以西 2km 处，向东经白水河、爱字格至红山煤矿，全长 23km，总体走向 NWW。平面展布上可分为三个特征段：西段白水河一带为 EW 走向；中段走向 NW70°；东段走向 NE80°。断裂倾向 NE，倾角 47°～60°。断裂发生在震旦系、侏罗系和白垩系之中，沿断裂有燕山期花岗岩体分布，断裂活动具有挤压逆冲性质。如在白水河一带，可见侏罗系逆冲至白垩系之上。在白水河西岸开挖的探槽剖面（图 2-21）揭示如下特征：

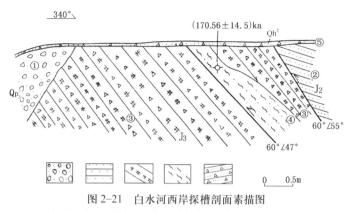

图 2-21 白水河西岸探槽剖面素描图
1. 砂砾石层；2. 砂岩；3. 挤压破碎带；4. 断层泥；5. 残坡积层

①探槽揭示出两个较新断面，皆发育在断裂挤压破碎带之中，挤压破碎带为灰白色砂岩，宽 4m。两个剖面产状分别为 N30°W/NE∠47° 和 N30°W/NE∠55°；

②沿断面发育 30～50cm 厚的红棕色断层泥，断面之上覆盖 10cm 左右的残积表土层；

③在距地表 40cm 处取断层泥样做热释光年代测试，结果为（170.56±14.5）ka，表明断裂活动是在中更新世末期之后。但从断裂产生的断层垭豁及微地貌判断，其最新活动应在晚更新世早期。

（3）布赫特山段

1）小野马滩—上尕巴断裂

断裂展布于布赫特山南麓的基岩山体中，西起泽令沟农场东南的小野马滩，向东经郭条可山北侧、老虎口，终止于上尕巴附近，长约 65km。断裂主体走向 NW60°，倾向 NE。断裂发生在寒武—奥陶系浅变质岩系与上新统砾岩、砂质泥岩之间。断裂活动具有挤压逆冲性质，倾角 50°～70°，挤压破碎带宽约 60m。该断裂具有清晰的航卫片影像特征，地貌上表现为山间纵向高差界线、基岩断崖、断层三角面及断层垭口，存在正向或反向坎状地貌，高洪积扇上存在线性色调差异分界线，控制地下水及泉线分布。考察发现，赛什克河的 I 级、II 级阶地未错动。这些迹象表明，该断裂在中晚更新世时期有过较强烈的活动，晚更新世晚期以来活动减弱。

2）赛什克西断裂

断裂展布于赛什克农场西北侧的低山中，呈 NW40° 走向，长约 13km，倾向 NE。断裂发生在上第三系砂岩、泥岩、砾岩互层的橘黄色—灰黄色岩系之中，断裂沿线两侧地层存在几十米至上百米的高差，早期活动表现为倾滑特征，晚期则以挤压逆冲为主，挤压破碎带宽约 60m，断面可见断层泥，倾角 60°～70°。航卫片解译表明，断裂线性构造特征明显，考察中未发现晚更新世及全新世活动迹象，自晚更新世以来活动减弱。为早更新世活动断裂。

3）阿母内山南侧断裂

断裂发育于阿母内山南侧，呈凸向 SW 的弧形展布，长约 14km，走向 NW43°～77°，倾向 NE，为逆冲断裂，断裂北盘由震旦系的灰黑色片岩组成，可见北盘逆冲于南盘之上，破碎带宽 30～70m，具挤压性质。该断裂具有一定的地貌显示，断崖、断层三角面发育。考察中未发现第四纪晚期活动显示，为早中更新世活动断裂。

6. 宗务隆山南缘断裂（F₆）

宗务隆山南缘断裂带西部始于石底泉槽地向东南延伸，经怀头他拉水库北部的八罗根郭勒河谷，野马滩山前的埃尾沟、柏树山煤矿、巴音郭勒沟谷，终止于休格隆一带，全长约 200km，总体走向近 EW，为逆冲断层。

断裂带以八罗根郭勒河为界，分为不相衔接的东西两段，但均控制了槽型石炭系的南界，为柴北缘褶皱带与欧布鲁克台隆的分界断裂，为形成时间较早、规模较大的区域性控制断裂。

西断裂主要控制并切割了石炭系、二叠系、三叠系及第四系下更新统。在包尔浩若格一带，北盘石炭系之千枚岩及片理化石英砂岩逆冲于南盘三叠系之砾岩之上。在怀头他拉，见石炭系逆冲于第四系下更新统之上。断裂两盘岩系产状斜交，存在宽达 40 ～ 50 余米的破碎带之片理化带。该断裂段地貌影像清晰（图 2-22、图 2-23），断面 N 倾，倾角 35°～ 50°。从断裂南面第三纪背斜强烈隆升，导致上新统

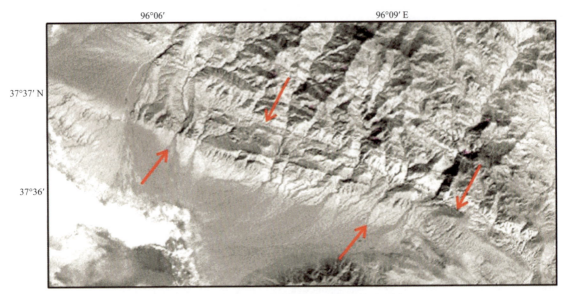

图 2-22　宗务隆山南缘断裂带西段遥感影像（西段）
红色箭头指示解译断层位置

图 2-23　宗务隆山南缘断裂带破碎带沟谷（西段）
红色虚线为解译断层位置

泥岩强烈褶皱变形，局部产状倾角可达75°来看，此断裂段在喜山期具有强烈的挤压抬升活动，并整体向南推覆趋势。仅从航片影像解译来看，在第四系覆盖之处，较早期的洪积扇、水系显示异常，晚第四纪活动迹象不甚明显。

断裂东段最新断裂位于山体前缘，断错洪积扇形成地貌陡坎。该断层陡坎在山前地带有明显的显示，根据前人资料（袁道阳，2003）和野外追踪，断裂最新活动段位于德令哈北侧的山体前缘，该断裂段东自泽令沟农场，经道勒根木、铅矿，过巴音郭勒河，向西经红山煤矿、库克浩尔格到夏尔恰达，全长约60km，由四条弧形展布的次级断裂构成（图2-24），次级断裂之间断层迹象不连续。

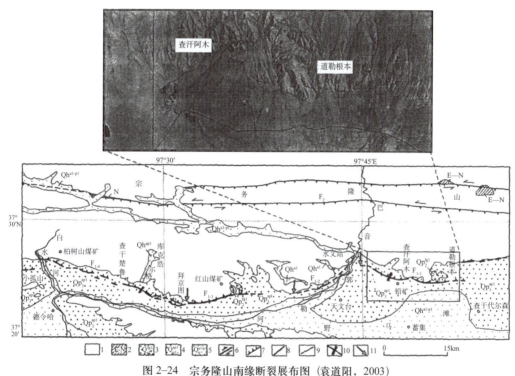

图2-24 宗务隆山南缘断裂展布图（袁道阳，2003）
①前第三系；②第三系；③中更新世冲积物；④晚更新世冲洪积物；
⑤全新世冲洪积物；⑥走滑断层；⑦逆断层；⑧Qh断层；⑨Qp₃断层；
⑩断层剖面位置；⑪分段界线；F₁宗务隆山南缘断裂；F₂大柴旦—宗务隆山断裂

在库克浩尔格、铅矿一带，发现多条断层剖面，分别展示如下。

（1）库克浩尔格附近断层剖面

剖面1：出露点位：37°24.287′N，97°28.381′E。断层发育在震旦系角闪岩、花岗岩岩脉及第三系地层之间。震旦系地层和花岗岩脉之间的断层（F₁）倾角较缓，为早期活动的老断层；花岗岩和第三系之间断层（F₂）倾角较陡，为后期活动的断层。F₂断层产状走向120°，倾向NE，倾角86°。断层面发育挤压片理。断层下盘为第三系地层，主要由紫红色泥岩构成，在断层带附近片理化，并卷入花岗岩岩块（图2-25）。

上述震旦系—第三系地层构成山前台地的基座，上覆第四系地层中更新统洪积或冰水堆积物。断层未断错台地面及上覆第四系，就该点来看该断裂中更新世以来无活动。

剖面2：出露点位：37°24.287′N，97°28.381′E。断层发育在第三系橘红色黏土地层中。断层带宽10～20m。由多条滑动面构成。滑动面为压性面，产状为走向120°，倾向NE，倾角80°（图

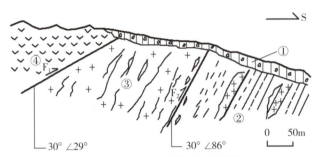

图 2-25　库克浩尔格附近断层剖面

① Qp₂洪积或冰水堆积；②第三系泥岩；③花岗岩岩脉；④震旦系角闪岩

2-26）。第三系地层构成山前冲沟三级阶地的基座，在该断层带南侧 20～30m，出露第四系洪积物构成的台地，其高度低于以第三系为基座的Ⅲ级阶地，推测Ⅲ级阶地被断错。

剖面 3：在库克浩尔格沟附近，断层活动在沟口的Ⅱ级洪积阶地上形成了清晰的断层陡坎，在该冲沟东岸阶地边缘发现断层剖面（图 2-27），断层性质为逆断层，产状：30°∠67°，断错了晚更新统，并影响到晚更新统上部及全新统的下部冲洪积砂砾石层（袁道阳，2003）。从该剖面点来分析，断层的最后活动是在晚更新世晚期至全新世早期期间。

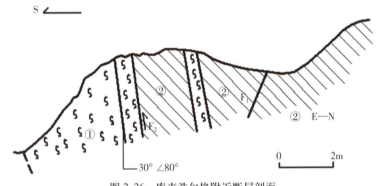

图 2-26　库克浩尔格附近断层剖面

①断层挤压破碎带；②橘红色泥岩

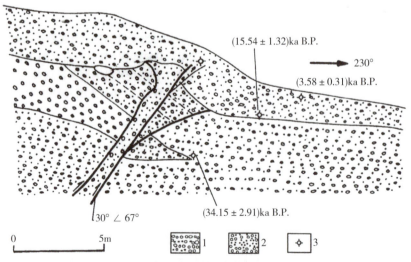

图 2-27　库克浩尔格沟山前断层探槽剖面（袁道阳，2003）

1.粗砾石层；2.细砂砾石；3.TL 采样点

（2）铅矿一带断层剖面

垂直铅矿西侧一冲沟Ⅱ级阶地上的断层陡坎开挖探槽，揭露出清楚的断层剖面（图2-28）。

剖面中共发现三条次级断层，近平行排列，总体产状N50°E/NW∠57°。其中主断层F₁的性质为逆断层，断错了层①～层⑤，同时在F₁的上盘形成了正断层F₂和充填楔④；在F₁的下盘开始发育一次级断层，并可能断错层⑥，它们均被层⑦覆盖，应代表一次古地震事件，其最晚活动年代接近（2.91±0.25）ka B.P.。

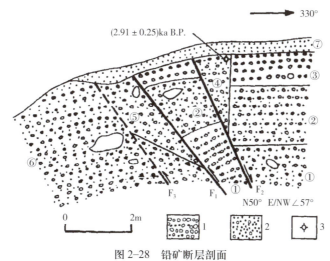

图2-28　铅矿断层剖面

1. 粗砾石层；2. 细砂层；3.TL采样点

①土灰黄色中粗砂层；②深灰色砂砾石层；③灰红色砂砾石层；④灰绿色砂砾充填楔；
⑤淡紫色砂砾石层，层理不清晰；⑥土灰色、淡黄色砾石层，层理掀斜；⑦地表坡积砂砾石层

综合该断裂的断层剖面，可以看出该断裂带第四纪时期经历了多次逆冲活动。早期的断层活动发育在基岩和第三系地层之间，造成第三系地层变形。该期地表断裂被中更新世堆积物覆盖，并被抬升为山前台地（冲沟Ⅲ级、Ⅳ级阶地）；第二期断层活动断错山前台地，造成第四系（中更新统）地层变形。最新一期断层活动造成山前洪积扇（Ⅱ级阶地）断错，并在山前形成一系列陡坎。第四纪以来，断层活动不断向山前迁移，形成多条断裂，最新断裂活动在目标区的柏树山煤矿一带，造成山前最新的洪积扇断错。根据断层相关地层测年结果，断裂最新活动时期为晚更新世晚期—全新世早期。

7. 大柴旦—尕海断裂带（F₇）

又名"欧龙布鲁克山北缘断裂带"，大柴旦—尕海断裂带在区域上西起大柴旦，向东沿库尔雷克山南侧及山间谷地穿过，经欧龙布鲁克山北缘，终止于托素湖以东，全长230km左右，总体呈NWW向展布。断裂带西段由多条不连续的次级断层组成，主要控制前白垩（AnK）系的分布；东段由一条基本连续的骨干断裂组成，主要发育在中新统及上新统之中，局部隐伏于第四系之下。航卫片解译表明，沿断裂带岩体破碎，山缘高差界线平直，断层三角面、垭口、断层谷地发育。沿断裂带有5级左右地震分布，是一条区域性全新世活动断裂带。

大柴旦—尕海隐伏该断裂带以可鲁克湖为界，西段遥感影像中构造地貌特征比较清晰，沿断裂带发育有洪积扇、断层陡坎、破裂带等微地貌特征，并多处呈现一定的负地形沉积盆地，对新地的生成和发展具有强烈的控制作用；而在可鲁克湖以东部分，由于湖相沉积所覆盖而呈半隐伏状态，断裂带遥感影像特征比较隐晦，特征不是很明显。不过断裂带的发育对所经区域的水系边界有比较明显的控制作用，

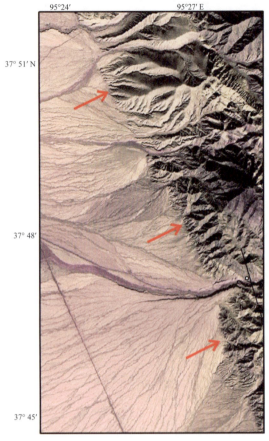

图 2-29 大柴旦—尕海隐伏断裂西段线性陡坎地貌
红色箭头指示解译断层位置

特别是控制了几个中小型湖泊的分布，呈串珠状。

在断裂带的西段，于大柴旦镇北部山前地带，柴旦镇北部的山前地带，陡坎地貌比较显著，成刀切状沿NW方向展布，山前洪积扇明显（图2-29），并具有一定程度的右旋位错位移，山麓河谷横剖面成陡峭的"V"字形河谷，反映了西段构造活动相对比较活跃，使得河流下切作用较强。

柴旦电厂向东至绿草山煤矿，断裂带转为近EW向展布，在山前地带出现平直断层陡坎地貌（图2-30），河流发生下切侵蚀，而侧向侵蚀作用较弱，因而谷坡较陡，河谷成深切"V"字形，反映了该区段构造活动性比较强烈。

在绿草山煤矿至新生煤矿附近，断裂走向转为NW向，遥感影像中山前线性陡坎非常清晰（图2-31）。

断裂中段西起大煤沟附近，向南东经羊肠子沟口的无名泉、雷达站，沿欧龙布鲁克山北缘向东延伸，经俄博山、怀头他拉煤矿、南泉水梁，终止于连湖东南，图内长度98km。断裂西段弯曲，中、东段延伸相对舒展，总体呈NWW向展布，倾向SW，倾角74°左右，具有强烈的挤压逆冲特征。

断裂西段主要发生在侏罗系与第三系之中或之间；中段发生在震旦系与上第三系之间，或者石炭系与上第三系之间；断裂东段发生在上第三系之中，局部被第四系覆盖。

由新生煤矿向东至可鲁克湖西部，大柴旦—尕海隐伏断裂带出现分支现象，分别为南部的山前断裂及北侧的断裂带，共同控制了中间的背斜构造（图2-32）。

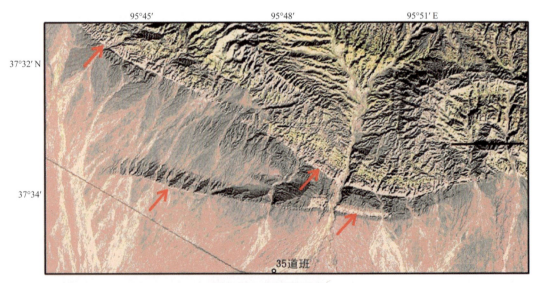

图 2-30 山前陡坎地貌

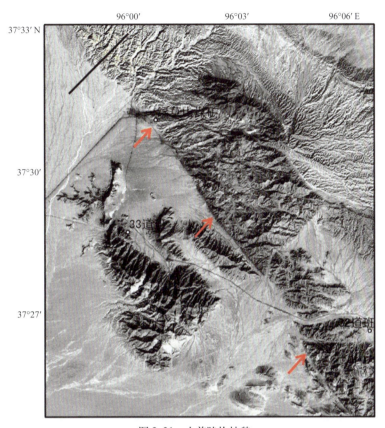

图 2-31 山前陡坎地貌
红色箭头指示解译断层位置

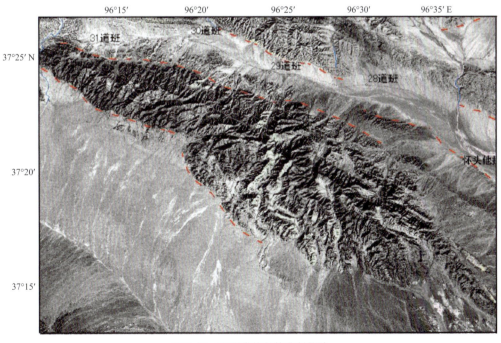

图 2-32 断裂带控制的背斜构造
红虚线指示解译断层位置

在可鲁克湖西部，断裂在地貌上产生了非常清晰的洪积扇陡坎地貌，沿 NW 方向展布（图 2-33），陡坎前缘洪积扇规模较小。在可鲁克湖与托素湖之间，断层控制了两湖之间的分界线（图 2-34），形成了线性陡坎地貌，断裂两侧湖泊沉积环境及地形地貌具有明显的差异。在可鲁克湖北缘，推测一条隐伏断层控制了湿地的边界，形成了 NNW 向展布的线性边界（图 2-35）。在尕海湖以西，断裂带基本隐伏于第三系和第四系湖相沉积层之下，但是仍然控制了尕海湖与可鲁克湖之间水系的发育，并沿倾覆褶皱的边界分布（图 2-36）。

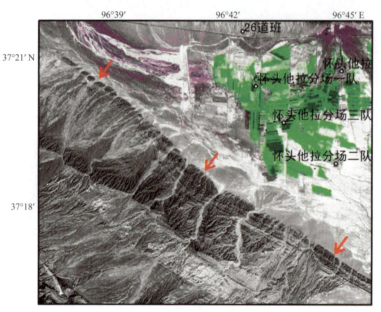

图 2-33　可鲁克湖西部陡坎地貌
红色箭头指示解译断层位置

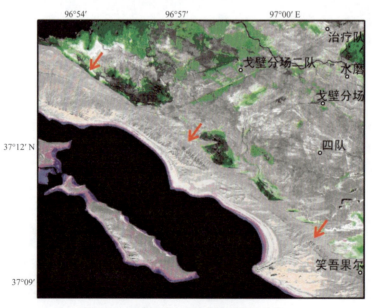

图 2-34　可鲁克湖与托素湖之间陡坎地貌
红色箭头指示解译断层位置

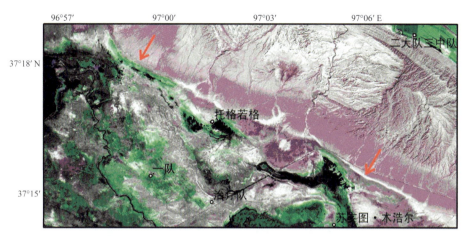

图 2-35 断裂控制洪积扇前缘陡坎的湿地分布

红色箭头指示解译断层位置

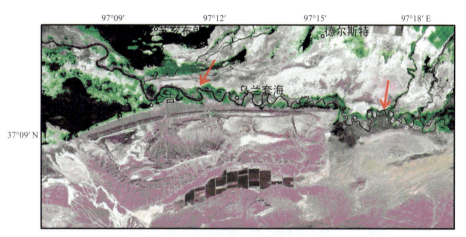

图 2-36 断裂控制水系分布，沿褶皱边界

红色虚线为解译断层线位置

自尕海湖以东，经 2 道班、柯滕格德森，断裂继续呈半隐伏状态向南东方向延伸，断裂继续控制了水系的流向，并控制了柯柯盐湖、希里沟湖，延伸至东部阿拉山断裂附近，并在 6 道班错断了阿拉山断裂，造成地貌上的不连续（图 2-37）。

在柯柯盐湖与希里沟湖的南侧，构造地貌比较明显，山前陡坎呈不连续状延伸，河流侵蚀作用较强，使得山前地带弯曲度较大，发育有大片的洪积扇地貌。山前河谷比较开阔，地貌受侵蚀作用而后退明显，反映了该隐伏断裂带东端构造活动比较稳定，尤其是比西段断裂活动性要弱（图 2-38）。

通过遥感构造地貌特征的分析可知，就整条大柴旦—尕海隐伏断裂而言，断裂西段活动性比中段及东段要强，东段活动性最弱。

野外考察发现，断裂活动的微地貌显示具有较好的连续性，如怀头他拉煤矿（37.428°，96.225°）一带可见石炭系中、上统灰岩夹页岩、煤线地层逆冲于第三系泥质岩之上，形成较大的山缘高差（图 2-39）。该处可见基岩崩塌极为发育。断裂沿线呈现槽状、坑状凹地，泉水发育，并且覆盖于第三系之上的砾石层已被断错（图 2-40），经热释光测年，砾石层形成于距今（38.83±3.31）ka，即晚更新世晚期，因而断裂的活动时代应在晚更新世。

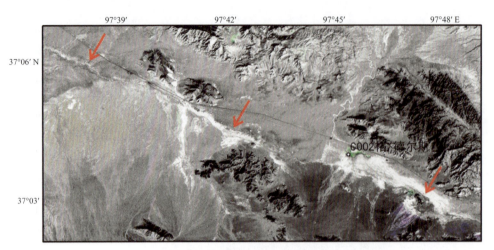

图 2-37 尕海湖以东水系地貌分布
红色箭头为解译断层线位置

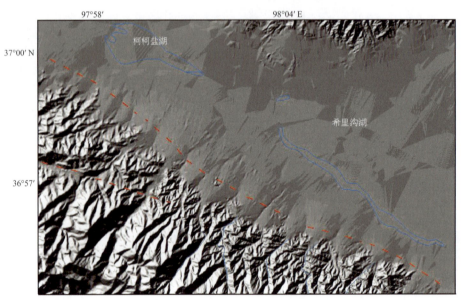

图 2-38 柯柯盐湖南侧山前地形

图 2-39 断裂沿线形成的凹槽

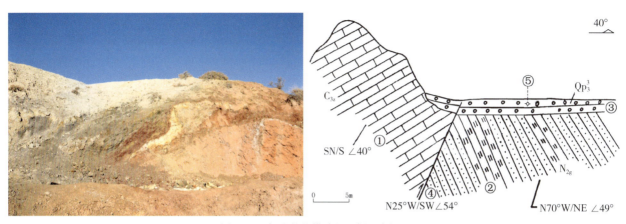

图 2-40 怀头他拉煤矿断层剖面素描图

①灰岩；②泥岩夹砂岩；③砂砾石层；④断层及性质；⑤热释光采样点

雷达站附近，地貌显示断裂存在两个平行的断面，两者相距约 40m（图 2-41），表现为断层三角面连续展布，断坎、断层谷发育。其中南侧一条断层坎发生在砾石层上，断坎高度稳定，一般在 1.7m 左右（图 2-42）。在断层陡坎下开挖的探槽证实了断层的存在，并且发育 3 个次级断面（图 2-43），其中 3

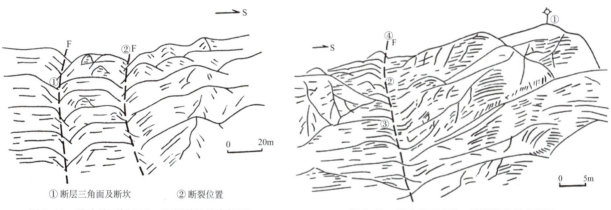

①断层三角面及断坎 ②断裂位置

图 2-41 雷达站西侧 200m 处断裂地貌素描图

①雷达站；②断层位置；③反向坎；④断裂位置

图 2-42 雷达站西 500m 处断裂地貌素描图

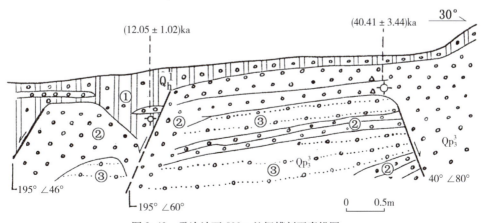

图 2-43 雷达站西 500m 处探槽剖面素描图

①残积、洪积含砾黄土；②洪积砂砾石层；③含砾洪积砂层

个断面倾向 S，倾角 46° ~ 60°，经热释光测年，其最新活动是在（12.05 ± 1.02）ka 之后。据此推算，该断裂全新世以来的平均水平滑动速率为 0.83mm/a；平均垂直滑动速率为 0.14mm/a。

在南泉水梁（37.205°，96.70°）形成近 EW 向高约 7m 的鼓梁，沿泉水出露形成约 40 ~ 50m 的断裂破裂带（图 2-44 ~ 图 2-46）。

断裂特征：

①第三系泥岩逆冲于砾石层之上，形成约 1.5m 断距，表明断裂具有逆冲挤压性质。

②沿断裂形成一系列断层泉出露。

③断层产状 210° ∠ 65°。

④断面处上盘砾石层定向排列，砾石层层理杂乱不清，松散未胶结。

图 2-44　南泉水梁断层照片（镜像 E）

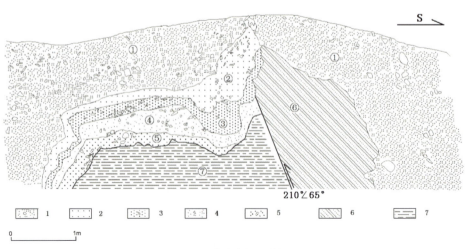

图 2-45　南泉水梁断裂剖面
①砾石；②粗砂；③细砂；④砾石；⑤粗砂；⑥砂岩；⑦泥岩

图 2-46 南泉水梁沿线断层泉（镜像 W）

在托素湖以东，该断裂在地表主要表现为隐伏性质，在地表未发现有明显断错现象。对于该断裂最初进行了航卫片解译，而后布设了浅层人工地震探测，查明了隐伏断裂的展布特征、上断点埋深等特征，并根据人工浅层地震结果，进行了联合地质钻孔及取样、地质测年等工作，认为该断裂在托素湖以东存在两条分支断裂，其中北侧断裂为晚更新世活动断裂，逆断层，倾向 N，倾角约 65°～80°。南侧断裂为主断裂，为全新世活动断裂，逆断层，倾向 N，倾角约 73°。

8. 鄂拉山断裂（F_8）

鄂拉山地区晚新生代以来构造变形强烈而典型，形成了一组复杂的活动构造带和多个新生代盆地。其中最重要的断裂即为鄂拉山右旋走滑断裂，它是本区的乌兰盆地、茶卡—共和盆地的边界，控制了盆地之间的对冲山—鄂拉山的隆升和变形。该断裂的新活动不但造成两侧的地质地貌体发生了强烈的右旋位错，同时也使得断裂两侧的茶卡盆地和乌兰盆地新生代地层发生了强烈的挤压变形。上述两盆地的形成和演化严格受鄂拉山断裂带的新活动所控制。

鄂拉山断裂带是青藏高原东北缘柴达木—祁连山活动地块内部的一条线性特征清晰、新活动性强的 NNW—NW 向的右旋走滑活动断裂带。该断裂也是分隔柴达木盆地和茶卡—共和盆地的边界断裂，并控制了上述两盆地之间的对冲山—鄂拉山的隆升和新构造变形。

整个断裂带北起阳康以西，经乌兰县城东侧沿鄂拉山东麓向南延伸，终止于温泉一带。断裂总体走向 NW20°，全长约 207km，其几何形态较为复杂，大致由 6 条不连续次级断裂段主要以右阶或左阶羽列而成，在不连续部位常形成拉张区或挤压脊，阶距 1～3.5km 不等。中间分布破碎山体和小型盆地，活动断裂主要由两条平行断层组成，倾向复杂多变，倾角 50°～70°，挤压破碎带宽数百米。断裂带在航卫片上线性构造特征十分明显，表现为一系列陡坎、断层三角面及断层谷地，断裂带局部地段切割山脊、冲沟、阶地及洪积扇（图 2-47、图 2-48）。

沿鄂拉山断裂带的多数冲沟均发育了不同级别的冲洪积阶地，断裂活动造成多级阶地断错。其中巴硬格莉沟Ⅱ级阶地前缘断错约 68m，Ⅲ级阶地前缘断错约 136m；干沟Ⅱ级阶地前缘断错约 16.5m；干沟

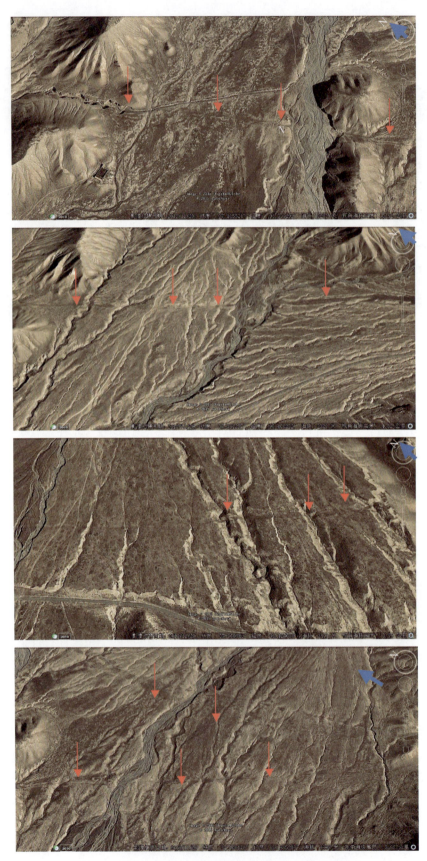

图 2-47 鄂拉山断裂阿汗达来寺—那仁希尔格段断层影像图

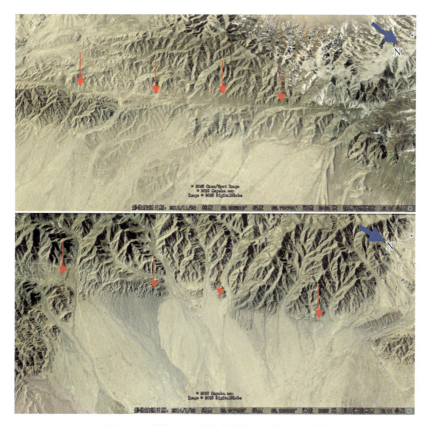

图2-48 鄂拉山断裂茶卡盐湖南断错地貌影像

南第二冲沟Ⅲ级阶地前缘断错约70m，Ⅱ级阶地后缘断错约170m；干沟南第三冲沟Ⅲ级阶地前缘断错约70m，Ⅲ级阶地后缘（Ⅳ级阶地前缘）断错130m。本区干沟北Ⅰ级阶地的TL年代为（4.4±0.2）ka，干沟南Ⅱ级阶地上部TL年代为（19.28±1.64）ka，干沟南Ⅲ级阶地上部TL年代为（32.13±2.73）ka，干沟北Ⅲ级阶地TL年代为（36.5±1.8）ka。综合分析对比后，得到鄂拉山断裂晚更新世晚期以来的平均水平滑动速率为（4.1±0.9）mm/a。

鄂拉山断裂带在阶地水平断错的同时，还在阶地上形成了明显的断层陡坎。沿鄂拉山断裂Ⅰ级阶地或洪积台地上断坎高度约0.5～1.0m；Ⅱ级阶地或台地的断坎高集中在1.5～2.5m左右，最高可达3.5m；Ⅲ级阶地坎高3～4m，最高达4.35m。根据本区各级阶地的相应年代（同上），综合分析对比后，得到该断裂晚更新世晚期以来的平均垂直滑动速率为（0.15±0.1）mm/a左右（袁道阳等，2004）。

上述特征表明，鄂拉山断裂带是一条现今活动明显的全新世断裂带。

9. 青海南山北缘断裂（F_9）

西起黑马河西，向东沿青海南山北缘与青海湖之间延至黄河边罗汉堂，并控制着青海湖盆地的形成与发展。总体呈NW向横卧的"S"形展布，全长约160多千米。该断裂航卫片影像断续出现，据钻探及物探资料，断层向北逆冲在中上更新统之上，青海湖渔场西见到上更新统湖相地层在断层附近发生强烈揉皱并有次级逆冲断层发育，水系有左旋迹象。最新浅层物探资料证实，该断裂SW或S倾，具逆冲性质，在倒淌河附近断层断至距地表7.0m的上更新统中部（Qp_3^2）地层，在江西沟附近断至距地表12m的上更新统中下部（Qp_3^1）地层。

上述表明，该断裂在晚更新世晚期停止活动。整个断裂带现代地震强度和频度都很低。

10. 青海南山南缘断裂（F₁₀）

该断裂分布于共和盆地北缘和青海南山南缘之间，成为青海南山与共和盆地的分界线，控制了共和盆地的发育。断裂总体呈 NWW 向展布，总长近 100km。该断裂航卫片影像清晰，据物探资料分析，该断裂属高角度逆冲断层，倾角84°，物探与钻探资料证实该断裂错断中—下更新统。

最新研究资料表明，在该断裂东段，存在着长 30km 的全新世活动断层迹象。

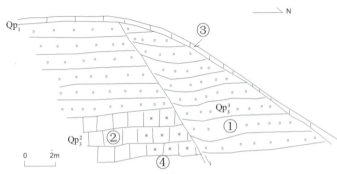

图 2-49 切扎村北廿地断层剖面图
①砾石层；②冲积黄土；③残坡积层；④压劈理带

在廿地乡的切扎村断层出露剖面上可见断裂断错上更新统（Qp₃）地层，此段断层北盘下降，南盘上升，表现正断性质（图 2-49），并且北盘断面处砾石定向排列并具层理向下拖曳现象。航片解释及实地考察均表明，沿该段断层局部展布正向或反向坎或线性凹槽，并分布有风成沙丘。综合分析该处剖面及地貌显示情况，其活动时期最晚可推至全新世早期。就整条断裂总体而言，其主要活动时期应是晚更新世时期。

11. 哇玉香卡—拉干断裂（F₁₁）

该断裂西起茶卡盐湖南，经哇玉香卡、新哲农场和塘格木农场南，终止于茫拉河谷一带，全长约 150km，为一全新世活动的隐伏断裂，其总体呈 NW 方向分布。该断裂航卫片影像清晰，水文地质钻探和最新物探资料均证实该断裂的存在，倾向 SW，倾角较陡，具逆冲性质，表现出南升北降的特点。该断裂控制了河卡山隆起与共和盆地南缘的地貌形态，还控制了晚更新世以来的地层分布，并断错了更新世地层。

最新物探资料证实，该断裂西北段由 3～5 条相互平行的断层组成，宽度超过 1km，主断面断错最新地层为全新统下部（Qh¹），断层断错距地表 10m。该段沿断裂地表有多处泉水分布。其东南段现代地震活跃，现有资料研究表明，1990 年 4 月 26 日共和 7.0 级地震及其强余震都与该断裂的现今活动有关。

12. 柴达木盆地北缘断裂带（F₁₂）

柴达木北缘断裂带又称为赛什腾—锡铁山断裂带，发育在柴达木盆地的北缘山前地带，呈 NW—SE 向展布，倾向 NE，属于盆地的一个二级构造单元。北临祁连山，南接柴达木盆地腹部，西临阿尔金山，东部通过德令哈地区与昆仑山收敛在一起。由于受阿尔金断裂左旋走滑作用的影响，断裂具有走滑逆冲特点。

在工作区遥感影像中，该断裂带特征非常显著，在走向上存在局部的变化，在断裂带的西端，北东侧为隆起区，南西侧为平坦的盆地，两侧地貌形成平直的分界线，呈刀切状，山前陡坎特征十分清晰，局部地段水系存在左旋位错。山前沟谷成"V"字形，河流下切作用强烈，反映了断裂西段相对较强的活动性。柴达木盆地北缘断裂的东段呈一束条带散开，有 2～3 支分支断层，在平面上呈雁列式展布在山麓及山前盆地边缘地带，在纵向剖面上呈叠瓦状依次排列，断层地貌地表陡坎清晰，对水系的控制作用比较强烈（图 2-50～图 2-54）。

断裂带西起赛什腾山南麓的结绿素附近，往南东沿绿梁山、锡铁山西南侧延伸，终止于北霍布逊湖东北，全长 260km，总体走向 NW40°～50°，是一条 NNW—NW 向区域性断裂带，倾向 NE。该断裂

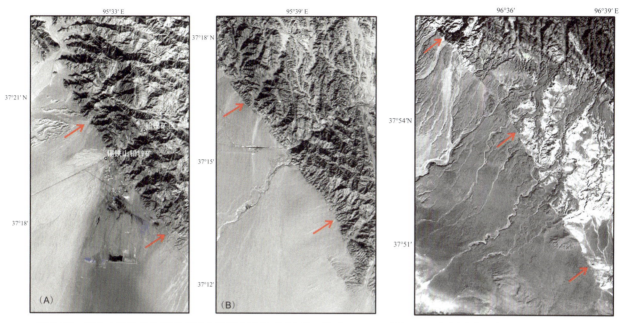

图 2-50 柴达木盆地北缘断裂带西北端平直地貌遥感特征（TM）

图 2-51 断层陡坎及水系断错地貌遥感影像水系局部存在左旋位错，反映断层左旋走滑特征

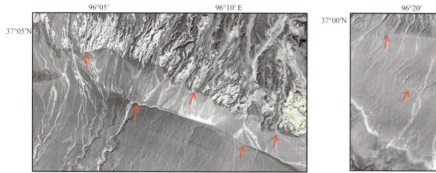

图 2-52 山前陡坎及错段洪积扇地貌 ETM 遥感影像

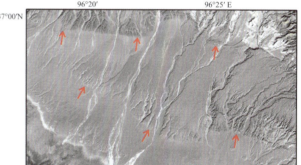

图 2-53 断裂带陡坎地貌遥感影像

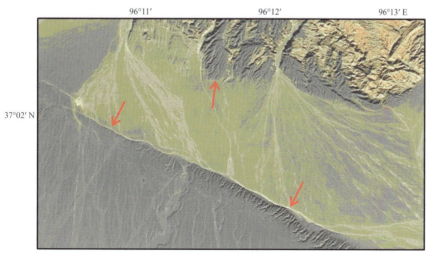

图 2-54 断裂陡坎地貌

带是柴达木盆地断陷区与北部祁连山断隆带的重要分界断裂，由一系列近于平行的断层组成，相互间呈反"S"形斜列关系，断裂带北侧为上元古界变质岩组成的中高山地貌景观，南侧为新生界砂砾岩和黏土岩组成的低山丘陵、洪积扇和戈壁平原。沿断裂带广泛分布呈透镜状产出的基性和超基性岩体，并有与断裂展布一致的重、磁异常梯级带存在，表明该断裂带已影响到地壳深部。

锡铁山段全新世以来最为活动，全新世长度约180km，断裂活动表现出早期强烈挤压推覆，晚期则以走滑运动为主，地貌上显示左旋特征，总体走向NW50°，倾向NE，该段全新世以来的平均滑动速率为3mm/a（青海省地震局，1995）。

断裂带在锡铁山及阿木尼克山西南侧与柴达木盆地中部北中央断裂交汇的地区，是一个中强地震的密集发生地带，最大地震为1962年6.8级。1996年8—9月曾在该地区发生一显著震群活动，现今中小地震时有发生，表明该断裂仍处于相对较强的活动状态。

断裂在近场区存在明显多期活动的地貌显示，而且存在全新世活动的地层断错证据。如在锡铁山矿务局液化气站开挖的探槽剖面（图2-55）揭示出如下特征：

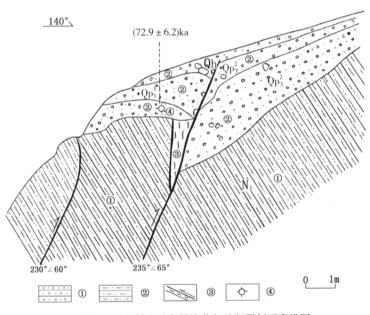

图2-55　锡铁山矿务局液化气站断裂剖面素描图
①砂质泥岩；②砂砾石层；③断层泥；④热释光样品采样点

①断裂发生在中新统（N_1）灰白、红褐色砂质泥岩中，断裂断错晚更新世中期［Qp_3^2，热释光测年结果为距今（72.9±0.6）ka］及晚更新世晚期（Qp_3^3）砾石层，并影响到顶部全新世（Qh）残坡积物。因而其最新活动时代无疑是在全新世时期。

②剖面中可见两个断面，产状分别为N40°W/SW∠60°和N35°W/SW∠65°，均为逆冲性质。

在全集河口见到的断层剖面（图2-56，图2-57），则存在多个断面，其中2个较老断面发育在奥陶系绿片岩中，一个断面沿奥陶系与中新统的界面发育，三个较新断面发育在砾石层之中，并断错上覆地层［热释光测年结果为（0.89±0.07）×10^{4}a］，形成近15m的断距，并形成近SN向断层凹槽。

断层特征：

①断层产状：N47°W/NE∠59°；

图 2-56　全集河口西侧断面照片（镜像 NW）

② 该剖面发育多条断面，其中 2 个老断面发育在奥陶系片岩中，1 个断面发育在第三系泥质砂岩和奥陶系片岩之间；

③ 断裂最新活动沿第三系泥岩与第四系砾石层之间发育，第三系泥质砂岩逆冲于第四系砾石层之上；

④断面处上盘砾石层定向排列，砾石层层理杂乱不清，松散未胶结；

⑤断层形成宽约 5m 左右的断层凹槽，断错了第四系砾石层（图 2-57）；

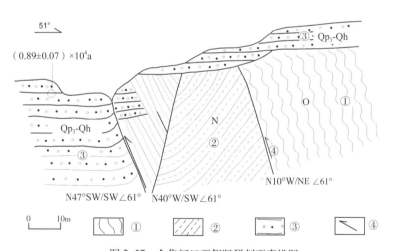

图 2-57　全集河口西侧断裂剖面素描图
①奥陶系片岩；②第三系砂质泥岩；③第四系砾石层；④断层及性质

⑥断面上覆砾石层被断错；经热释光年代测试，上覆砾石层距今（0.89 ± 0.07）× 10^4 ka。

13. 柴达木盆地南缘断裂带（F_{13}）

柴达木盆地南缘断裂带为柴达木盆地与东昆仑构造带的分界断裂。断裂带西起乌图美仁、塔尔丁至格尔木后转为近 EW 向，终止于诺木洪以东，全长约 500km。

地震反射大剖面资料证实，该断裂带由一系列规模不等的断裂斜列组合而成（表 2-4），它构成了南侧正重力异常梯级带和北部柴达木盆地负重力异常及不同磁性块体的分界线。

表2-4　柴达木盆地南缘断裂带一览表

断裂名称	长度/km	产 状			性质	断错层位
		走 向	倾 向	倾 角		
乌图美仁断裂	60	NW	SW		逆冲	Qh
塔尔丁断裂	80	NW	SW	43°	逆冲	Qp_2-Qp_1
自流井断裂	60	NW	SW	27°	逆冲	Qp_2-Qp_1
格尔木断裂	150	EW	S	45°	逆冲	Qp_2-Qp_1
砂滩边断裂	60	EW	N		逆冲	Qp_2-Qp_1

　　断裂两盘出露的岩层差别很大，其南部山区主要为一套上元古界变质岩和华力西期侵入岩，这套岩层在北盘埋藏于地表以下 7 ～ 8km，构成了盆地基地，其上发育较完整的新生代沉积；中生代沉积只在盆地内的部分地段存在，而且厚度不大；中生代末，断裂北盘强烈下陷，明显控制着新生代沉积。该断裂在地貌上没有明显的形变特征，但其两侧地貌反差极为醒目。在断层上盘，地层主要为山前冲洪积扇堆积的砾石、角砾层，干燥，地下水较深；而在断层下盘，地层主要为湖相粉细砂、粉质黏土层，潮湿，形成湿地或者沼泽。据地震反射剖面资料及重力资料，断裂两侧基岩顶面垂直差异幅度较大。另据水文钻孔资料证实，在诺木洪—格尔木之间，断裂南侧第四系厚度 200 ～ 400m，而北侧竟厚达 1000m，也就是说，断裂两盘第四系厚度相差 600 ～ 800m，并且断裂错开了早、中更新世地层，最晚影响到晚更新世早期地层。由青海省石油局提供的《青海柴达木盆地勘探成果图（1：20 万）》重力资料反映的基岩等深线可以看出，沿断裂两盘基岩垂直差异幅度较大，最大可达千米。

　　根据我院收集的石油地震勘探资料（图 2-58），CDM288 测线断错上断点反射时间在 100ms 左右，埋藏深度大概在 50m。根据对该地区的研究成果，全新统厚度在 20 ～ 30m 左右，表明该断裂断错上更新统地层（图 2-59），断裂在此处为晚更新世晚期活动断裂。

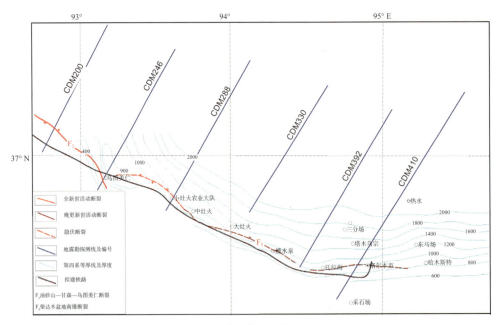

图 2-58　石油地震勘探测线位置

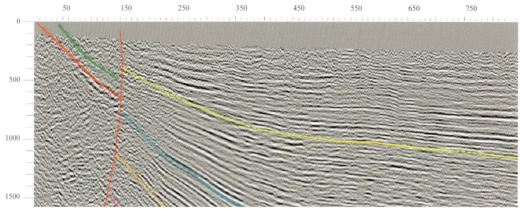

图 2-59 CDM288 地震勘探测线（横轴为桩号、纵轴为时间 ms）

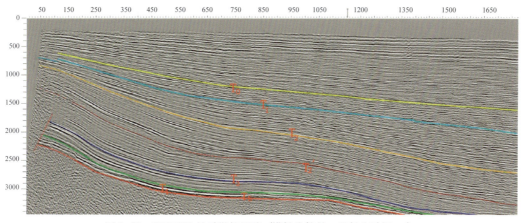

图 2-60 CDM392 地震勘探测线（横轴为桩号、纵轴为时间 ms）

CDM392 测线（图 2-60）断裂断错地层在 1500ms 左右，根据经验，该断裂断点在 1500m 左右，根据石油钻探资料及相关地层的研究成果（图 2-61），该地区第四系厚度在 1000m 左右。表明该断裂在此段为前第四纪断裂。

总的来说，该断裂带西段活动强于东段，西段的最新活动是在晚新世时期，东段为早中更新世—前第四纪断裂。在乌图美仁附近沿该断裂曾发生 1952 年 10 月 6 日 6.0 级、1980 年 7 月 13 日 5.1 级、1986 年 12 月 21 日 5.3 级地震；乌图美仁以东沿带无中强地震活动。

14. 昆中断裂带（F_{14}）

该断裂带沿东昆仑山主脊两侧横亘我省中部，西起昆仑山之博卡雷克塔格北坡，东延经大干沟、清水泉、青根河至鄂拉山，被鄂拉山断裂切割后，呈隐伏状态继续东延，即为泽库断裂。东西延出省境，境内长度大于 1000km。

鄂拉山以西，断裂构成东昆仑北坡断隆与柴达木南缘台缘褶带的分界。北侧元古界具二元结构，前长城系中、深变质岩系构成基底，长城系—青白口系浅变质岩系组成台地盖层；南侧晚元古界万保沟群浅变质岩系厚度巨大，且含有大量基性火山岩，构成青海南部，乃至整个青藏高原中南部的基底。昆中断裂是分割青藏高原甚至中国南北陆壳不同基底的分界线：北部为中朝基底，南部为扬子基底。

古生代以来，该断裂继续活动，直到中生代仍有明显分区意义。早古生代中期，断裂以北之奥陶系是优地槽沉积，以南之纳赤台群则是地台型海相陆缘碎屑岩。晚古生代时期则相反，北侧的上泥盆统—

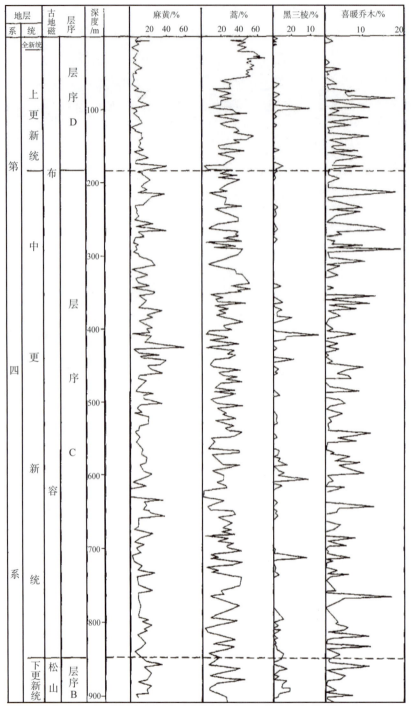

图 2-61　格尔木地区第四系厚度及时间尺度

下二叠统是稳定的海陆交替相—浅海相；而南侧的泥盆系—下二叠统为活动型沉积。早中三叠世时，北侧缺失沉积，南侧则为特提斯海域的一部分，接受过渡型沉积。

东段现今隐伏在古生界及三叠系之下。南侧西倾山地区晚古生代—三叠纪时为碳酸岩台盐坪相沉积，其间各纪、世地层为整合接触；而北侧甘肃合作—宕冒以北中泥盆世及早、中三叠世则为冒地槽型沉积，上泥盆统—二叠世虽为台型沉积，但以碎屑岩为主，且发育多个不整合面。

沿断裂带中段有基性—超基性岩分布，且在清水泉一带发现典型的"蛇绿岩套"。该蛇绿岩套可能是元古代洋壳残片，但侵位于华力西晚期。此外，断裂北侧中酸性岩体成带出现，这就是东昆仑山北坡的花岗岩带和泽库的岩群；断裂以南中酸性岩大大减少，分布零星。断裂带沿区内主要重力梯级带和磁力梯级带展布。其东段磁异常呈串珠状分布，绵延于省外，与北秦岭南缘断裂相连。最具特征的是，莫霍面沿断裂出现一高达 7～10km 的陡坎和台阶，这是其他断裂绝无仅有的。此断裂地表倾向 N，倾角 60° 左右。基于上述，此断裂是早元古代末期生成的岩石圈断裂，在加里东、华力西、印支、燕山期均有不同程度的活动，新构造运动以来活动微弱。

15. 东昆仑断裂带（F_{15}）

断裂带西起青新交界，往东经库赛湖、东西大滩、秀沟纵谷、阿兰克湖、托索湖、下大武，自玛沁向东延入甘肃境内，全长约 2000km，呈 NWW—EW 向展布，倾角较陡，是一条横穿青海省中部的深大断裂带。

该断裂带是二级新构造区青藏断块与甘青断块的分界断裂。其北侧为甘青断块南部的东昆仑断隆带，南侧为巴颜喀拉地块。重磁资料和沿断裂带有多个基性—超基性岩体分布表明，东昆仑断裂带是一条延伸长、切割深的岩石圈断裂。它形成于古生代，在其后各次构造运动中都具有重要作用，第四纪晚期以来有多期活动表现。

该断裂带全新世时期活动非常强烈，沿带地震陡坎、鼓包、凹坑、地裂缝、鼓梁、沟槽、断塞塘、崩塌、水系与阶地扭错等古地震形变遗迹十分普遍，现已确认的 7 级以上古地震达 20 余次，并有几次 8 级古地震。地震形变遗迹具有展布范围极窄（一般几十米至数百米）、线性强、连续性好、严格沿断裂带展布的特点，并且不同地段、不同期次的地震形变类型相似，同一地段存在多期破坏性地震形变遗迹。自 1900 年以来，沿断裂带分布有 5 次 6 级以上地震，最大为 2001 年 11 月 14 日发生在断裂带西段布喀达坂峰附近的 8.1 级地震，造成了沿带超过 450km 长的地震地表破碎带，沿形变带造成一系列地震鼓包、水系断错等，其中在整条形变带上的最大错距达 6m，工作区内最大错距为 3.6m。

自晚第三纪以来，该断裂的新构造活动不断加速，后期活动速率大于前期活动速率，尤其全新世以来处于较强的活动状态，几乎全段表现为地震形变带，分布有地震陡坎、断错水系、地震裂缝、鼓包、凹坑、拉分盆地、断塞塘等遗迹。综合分析认为，该段至少曾经发生过 4 次 7.5 级左右古地震，其距今时间分别为 11 万年、7000 年、2700 年和 1000 年，推测震中分别位于惊仙谷口、黑刺沟、西大滩和东大滩。

该断裂全新世中期（以 5000 年计）的平均水平滑动速率为 9.0mm/a，平均垂直滑动速率为 0.5mm/a；全新世末期（以 1000 年计）的平均水平滑动速率为 8.25mm/a，平均垂直滑动速率＜1mm/a，垂直与水平速率相差甚大，反映出断裂带全新世中晚期以左旋走滑运动为主。

第三章 近场区地震地质环境

根据国家标准《工程场地地震安全性评价》（GB 1771—2005）的技术要求，本次研究工作将青海省乌兰县希里沟镇小区划项目的近场区确定为以工程场地外延不小于 25km 半径范围，取地理坐标 36.67° ～ 37.19° N，98.15° ～ 98.81° E，所围限的区域。对近场区进行了详细的活动构造调查，包括褶皱与断裂调查、第四纪地质与地貌调查，其目的是查明近场区发震构造的分布及其活动强度。在此基础上编制了 1∶20 万地震构造图，为乌兰县城的市镇规划、建筑设施的抗震标准提供依据。

第一节 近场区地质构造与地层

近场区位于柴达木盆地的东北部，处在地质构造复杂，断层分布众多，地层出露较全的构造位置（附图Ⅱ）。

一、地质构造概述

项目的近场区处在柴达木准地台的东北部，属Ⅱ级构造单元的柴北缘残山断褶带、欧龙布鲁克台隆与柴北缘台缘褶带的分布范围。因此，地质构造显得十分复杂。其断裂分布主要以 NWW 向、NNW 向和 EW 向为主，是本区地质、地貌及地震活动最重要的控制断裂。下面将各构造单元作一简要的概述。

1. 柴北缘残山褶带

该褶带位于大柴旦—尕海—乌兰隐伏断裂的南部，大、小地质断裂十分发育，有 EW 向、NW 向和 NE 向三组。断裂纵横交错，致使本单元在纵、横方向上均呈垒、堑构造，地貌上呈残山状断续出露于地表。

本褶带出露的最老地层是前长城系中—深变质岩系，其上为长城系—蓟县系浅变质岩系地台盖层，缺失青白口纪沉积。早古生代地层发育有上奥陶统滩间山群，属活动型沉积；晚古生代上泥盆统、石炭系发育，为陆相碎屑岩、火山岩及海陆交替含煤碎屑沉积。本带超基性岩较为发育，大小不一的岩体多呈带分布，延展方向与区域构造线方向近于一致。

综上所述，本褶带是在青藏早地台基底上，与晚奥陶世初，因地裂活化而成的断堑坳陷，晚奥陶世末封闭成断褶带。华力西期以后与柴达木准地台同步发展。

2. 欧龙布鲁克台隆

该地块位于大柴旦—尕海—乌兰断裂以北和宗务隆山断裂与鄂拉山断裂以南地区，是古地台分裂解体后的残块之一。其由下元古界中深度变质岩结晶基底及四套盖层组成。长城系—青白口系浅变质岩为第一盖层、震旦系—中奥陶统为第二盖层、泥盆系为第三盖层、石炭系为第四盖层。本区岩浆岩活动微弱，构造形变不强。中、新生界盖层由侏罗系—第四系组成。

3. 柴北缘台缘褶带

该褶带位于宗务隆山断裂与鄂拉山断裂连线的北东部。该构造块体自晚古生代进入活化期，泥盆系—下二叠统构成活动性构造层。在经历了华力西晚期的褶皱运动后，其上发育过渡型三叠系，与下伏地层呈角度不整合接触。上古生界—中、下三叠统均有数量不等的火山岩发育。火山岩类型复杂，既有中酸性又有中基性；既有熔岩又有火山碎屑岩。带内基性—超基性岩不发育，中酸性侵入体广为出露，缺失白垩纪—老第三纪沉积，表明这个时期的构造块体处于整体隆起状态。

二、近场区主要地层及岩性特征

近场区出露的地层有：震旦系、寒武—奥陶系、奥陶—志留系、泥盆系、石炭系、第三系和第四系。岩浆岩主要发育华力西期侵入岩。

（一）地层

1. 震旦系（Z）

近场区内震旦系分布面积很少，仅见于阿母内可山和赛什克村附近的小园山一带。由三套地层组成：

上部：灰色云母石英片岩、石英岩、条痕状混合岩夹云白石大理岩、白云岩。

中部：灰白色透闪石大理岩、白云岩夹白云母片岩、变粒岩。

下部：灰—灰黑色片岩、条纹状混合岩、条带状石英岩夹灰白色大理岩。

2. 寒武—奥陶系（Є–O）

近场区内该套地层主要分布在老虎口断裂北部的山区地带，由一套浅—中深变质岩组成。根据其岩性组合、建造特征、沉积旋回等分为五个岩组：

$(Є–O)^e$：灰绿色变砂岩、千枚岩、灰色石英岩，下部夹结晶白云岩，上部夹石英岩。

$(Є–O)^d$：上部灰色片岩、千枚岩、结晶灰岩、白云岩，下部灰色含砾结晶白云岩、含砾片岩、角砾岩。

$(Є–O)^c$：上部片岩、凝灰岩、大理岩，中部透闪阳起透辉石岩、结晶灰岩片岩，下部石墨片岩、结晶白云岩。

$(Є–O)^b$：灰—灰白色白云石大理岩、白云石结晶灰岩、硅质条带结晶白云岩、偶夹石墨片岩。

$(Є–O)^a$：浅肉红色条痕状混合岩夹片岩、大理岩。

3. 奥陶—志留系（O–S）

近场区内，该套地层主要分布在义义山、尕秀雅平以东、阿移顶一带。根据其沉积建造、岩性特征划分为下亚群和上亚群。

上亚群：凝灰岩、安山凝灰岩、安山岩夹片岩、薄层大理岩，上部为片岩夹凝灰岩，下部局部为石英岩。

下亚群：黑云母石英片岩、云母片岩、混合岩夹大理岩及角闪片岩透镜体。

4. 泥盆系（D）

泥盆系仅在近场区西南有一小片出露，为牦牛山泥盆系向东的延伸部分。由三套地层组成：

上部：上部紫色、灰绿色安山岩、安山熔岩集块岩、长石质硬砂岩，下部灰绿色、灰紫色砾岩、硬砂岩夹安山岩。

中部：上部灰紫色硬砂岩，中部砾岩，下部硬砂质长石砂岩夹砾岩，底部系砾岩。

下部：紫红、紫灰色长石砂岩夹灰紫色杏仁状安山岩，下部紫红色砾岩。

5. 石炭系（C）

石炭系广泛出露在霍德生断裂与鄂拉山断裂连线以北的天峻山一带。该套地层为槽型沉积，定名为果可山群，属柴北缘台缘褶带的组成部分，剖面上分两组：

上亚群（C_g^c）：灰—深灰色砂岩、板岩千枚岩、片岩、片麻岩及灰—浅肉红色混合岩、变粒岩。

中亚群（C_g^a）：灰绿色中基性火山岩、灰色千枚岩、炭质千枚岩、板岩夹石英岩、大理岩。

6. 第三系（N）

近场区内第三系较为发育，主要分布在乌兰盆地的北部、东部及场区西南的下义义山一带，属上第三系，可见厚度2080m，与前第三纪地层成不整合或断层接触，第四系广泛不整合其上。根据岩性特征分为两个岩组：

上岩组（N_2^b）：灰色、浅黄绿色砾岩夹砂岩、砂质泥岩。

下岩组（N_2^a）：橘红、橘黄、灰黄色砂岩、砾岩、泥岩，底部紫红色角砾岩。

7. 第四系（Q）

近场区内第四系广布，约占全区面积的1/3，有陆相和湖相沉积两种。按其成因类型简述如下：

① 上更新统（Qp_3^{al-pl}）

分布于阿汗达来寺、阿干大里山南坡及阿移顶西南坡。为一套冲-洪积相的砂砾、角砾层构成，上覆亚砂土，分选差，不显层理。形成山前微倾斜平原，组成Ⅲ～Ⅳ级阶地。

② 全新统（Qh）

a. 湖积：包括冲积加湖积（Qh^{al+l}）和湖积（Qh^l）。前者主要由冲积砂砾、砂、淤泥组成，含少量食盐、芒硝、石膏等。后者主要由细砂、淤泥、砂质黏土、食盐、芒硝、石膏组成。

b. 冲积（Qh^{al}）：包括都兰湖周围广布的冲积平原区和所有河谷地带。组成Ⅰ级、Ⅱ级阶地。由未经固结的灰黄、土黄色砾石层、砂砾石层组成，上覆黄褐色亚砂土，成层性不佳，砾径大小不等，分选差。

c. 风积砂丘（Qh^{eol}）：主要分布于河东村东的丘陵地区。砂丘由中—细粒石英、长石及少量云母组成，形成NW—SE向的土垅岗和新月形砂丘。

（二）岩浆岩

近场区内岩浆岩活动十分剧烈，表现为侵入岩广泛分布，出露面积约占场区总面积的1/4。主要以华力西期侵入岩为主，其岩石类型及分布区域如下。

① 辉长岩（γ_4^a）：分布在察汗河上游，侵位在石炭系地层中。

②角闪闪长石、角闪辉长岩（γ_4^b）：分布在场区东南部的尕秀雅平一带，侵位在奥陶—志留纪地层之中。

③花岗闪长岩（γd_4^c）：位于场区东北部，侵位在石炭纪地层中。

④花岗岩（γ_4^d）：为华力西期主要产物，其出露面积约占区内侵入岩总面积的1/3。广泛见其侵位在奥陶—志留系和槽型石炭系中。

第二节　近场区新构造运动特征

一、地貌单元分区

本近场区处在新构造运动以来较为活动的构造区域，地貌上展现两隆一坳的变形特点。根据地貌的形态组合和变形方式，将其划分为三个地貌单元（图 3-1）。

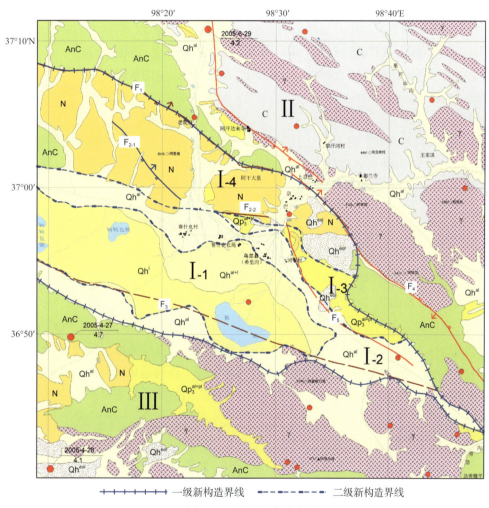

┼┼┼┼┼┼┼ 一级新构造界线　　　━ ━ ━ ━ 二级新构造界线

图 3-1　近场区新构造分区图

1. 断陷盆地区（Ⅰ）

位于乌兰县中部的断陷盆地是自晚第三纪以来形成的。盆地北部受老虎口断裂控制，盆地南部受盆地南缘隐伏断裂制约，盆地东部受鄂拉山断裂阻挡，盆地西部受场区外的阿母内可山西南缘断裂限制，地面上呈四边形斜列式展布。从盆地中阿母内可山和赛什可村附近的小园山显露的古老地层来看，盆地的沉积基底为古中国大陆的结晶基底，乌兰盆地叠置在古陆的中间块体之上。

从区域大地构造分析来看，该盆地的第四纪湖盆区是大柴旦—尕海—乌兰隐伏断裂上串珠状展布的众多盆地中的一环，显然受断裂控制作用十分明显。由于盆地具有多种地貌形态，根据其沉积建造和变形环境将盆地细分为四个亚区。

（1）湖积平原区（Ⅰ-1）

该亚区位于盆地的南部，构成本地域地方性侵蚀标准基准面。除残存的湖泊处于较低洼处外，整个亚区地势平坦，海拔在 2900 ～ 2950m 之间。该平原区出露地层为冲积加湖积（Qh^{al+l}）和湖积（Qh^l）。前者主要由冲积砂砾、砂、淤泥组成，含少量食盐、芒硝、石膏等。后者主要由细砂、淤泥、砂质黏土、食盐、芒硝、石膏等组成。该亚区直接受隐伏断裂控制，晚第四纪以来处在凹陷下沉的变形过程。

（2）冲积平原区（Ⅰ-2）

该亚区以湖积–冲湖积平原为中心呈环带状分布，地势平缓，以 2% 的坡度向湖积平原区倾斜。海拔在 2950 ～ 3100m。该区为主要的农业种植带，柯柯镇和县城均位于该亚区之上。

该区出露地层由河谷低阶地及河漫滩堆积物构成，均由未经固结的灰黄、土黄灰色砾石层、砂砾层组成，上覆黄褐色亚砂土。

（3）冲洪积倾斜平原区（Ⅰ-3）

位于上述两平原区的东北部、阿干大里山南坡和阿移顶山西南坡一带。由大小不等的、滚圆的、半滚圆的、棱角及次棱角状的砾石夹砂砾层组成倾斜平原区。上覆亚砂土，其分布高度一般在 3100 ～ 3400m。构成山区与平原间的过渡带。

（4）低山丘陵区（Ⅰ-4）

位于平原区北部一带，以老虎口断裂为界，与北部高区相接。山体均由上第三系构成，海拔在 3400 ～ 3600m。由于受到区域挤压应力场的作用，地层均为向北偏东方向倾之单斜，岩层倾角一般 20° 左右，在近断层处倾角可达 40° ～ 50°。该亚区北与断层接触，南部被第四系超覆。

2. 强烈隆升的北部高山区（Ⅱ）

近场区东北部为连绵不断的高山区，海拔在 3600 ～ 4600m 之间，相对高差在 1000m 左右。

该地貌区出露地层主要由寒武—奥陶系、石炭系以及岩浆岩组成。区内主要大山有天峻山和布赫特山，均展示为 NW 方向，反映了该区主构造格架和应力场特征。新构造运动以来，该地貌单元随青藏高原整体隆升而强烈抬升，形成山脉高耸、群山绵延、沟谷深切的地形，与之西南部的丘陵及平原形成明显的差异。

3. 中强抬升的南部中高山区（Ⅲ）

与北部强烈隆升的高山区不同，南部山区，山脉呈间、断分布，近场区内峰顶的平均海拔在 3900m 左右，与之相对应的盆地边缘海拔在 3200m，相对高差约 700m。反映了该地貌单元区新构造运动以来，侵蚀作用并不强烈，而以剥蚀及夷平作用为主。属构造运动相对稳定的构造区域。

二、夷平面、洪积扇及阶地特征

1. 夷平面

近场区普遍分布着三级夷平面。

（1）一级夷平面，分布在海拔 4500 ～ 5000m。如本区的阿移顶、都敖包和天峻山一带的峰顶区，呈截顶的平台状。形成时间为早第三纪末期。

（2）二级夷平面，分布在盆地的边部，海拔 4200 ～ 4400m。如本区的阿里特克山、阿移顶西南山区和盆地南部的下义义山一带。形成于上新世末期。

（3）三级夷平面，位于上第三系分布的丘陵地区，海拔在 3200～3500m 的山顶多呈平缓的台面，上部不整合覆盖着少量成层砂砾石层。虽然遭受强烈的侵蚀作用，夷平面被分割，并不完整，但在阿干大里山的南坡仍清晰地见到海拔在 3200m 左右完整的平顶山分布带（图 3-2）。该级夷平面形成于早更新世期。

2. 洪积扇

近场区内的老山沟处，多发育串珠状洪积扇，由山里向山外撒开。洪积扇主要由晚更新世山麓相堆积物构成，依其落差地貌及形成期限的先后，可划分出三期洪积扇，多呈叠置型串珠状分布。如在陶力南发育的呈串珠状分布的洪积扇，流水方向呈 NE 向 SW 方向，靠近山体根部为 I 期洪积扇，依次顺向分布 II 和 III 期洪积扇（图 3-3）。第 III 期洪积扇前缘至第 I 期洪积扇前缘高度在 150～200m。

图 3-2 阿干大里山南缘保留完好的 III 级夷平面形成的平顶山地貌

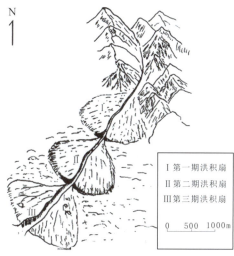

图 3-3 陶力一带串珠状产出的三期洪积扇
（摘自 1：25 万区调报告）

3. 阶地

近场区常流水的河流较少，而且流程短、规模小，阶地形成较差。但总体来看，发育 I～IV 级阶地，IV 级以上阶地不发育。区调资料显示，乌兰县铜普乡沙柳河剖面发育洪积台地以下三级河流阶地（剖面起点坐标：98°30′32″ E，36°59′00″ N）。如图 3-4 所示。

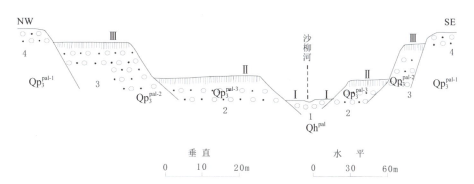

图 3-4 乌兰县铜普乡沙柳河阶地地貌实测剖面图（摘自 1：25 万区调报告）
1. 灰色砾石层，层理不清，磨圆度差；2. 灰色砂砾石层；3. 灰色粉砂黄土层；4. 灰色砂砾石层；5. 灰黄色黏土层

　　洪积台地：由晚更新世早期冲洪积物构成，由河流下切作用形成。台坎陡立，高达数米。

　　Ⅲ级阶地：阶面倾向河床，坡度10°～20°，阶面宽约100m，阶面前缘阶高9～12m，由洪积扇构成，形成基座阶地。由灰色砾石层组成，具二元结构。

　　Ⅱ级阶地：阶面平坦，倾向河床，坡度2°～4°，阶面宽1950m，阶面前缘阶高10～15m，由冲洪积物组成，具二元结构。由灰黄色含粉砂黄土层夹含细砾粉砂组成，水平层理发育。其中灰色砂砾石层，热释光测年值约（10.2±1）ka。

　　Ⅰ级阶地：阶面平坦，倾向河床，坡度2°，阶面宽约300m，阶面前缘高2～3m，具二元结构。由灰黄色黏土层和灰色砂砾石层组成。其中下部的灰色砂砾石层，热释光测年值（5.9±0.6）ka。

　　另外，在阿干大里山南坡，在等高线3040～3050m上下存在古湖泊阶地，阶面平坦，微向盆地方向倾斜。湖积阶地的上部由巨厚的砂质黄土和含薄层细砂层及薄层砂砾石层组成，具水平层理（图3-5）。阶地前缘陡坎，遭受强烈剥蚀形成陡崖，高约8m（图3-6），受重力作用影响陡崖沿垂直方向坍塌严重变形（图3-7）。这种不均衡的坍塌、剥蚀的陡崖，前挪后移，因而陡崖不在一条直线上。阶地后缘超覆在山前断层及第三系之上。根据沉积环境分析，阶地形成于中更新世晚期。

图3-5　发育在阿干大里山南坡上古湖泊阶地

图3-6　沿湖泊阶地前缘陡坎受重力坍塌和剥蚀形成的陡崖

图 3-7　陡崖前砂质黄土层的坍塌仍在进行，可见开裂的黄土摇摇欲坠

三、新构造运动特征

近场区新构造运动活跃，既有青藏高原宏观构造格局特征，又具有自身独特的新构造运动历程与表现。新构造运动主要表现在断陷盆地的成生，地质构造体的变形及错位，夷平面、洪积扇、阶地等生成环境。但在青藏高原整体隆升的大背景下，具有如下共同特征。

1. 继承性

新构造运动不是孤立的运动，而是以青藏高原整体隆升运动为主导，是对老构造运动的继承和延续。在近场区内，这种继承性的运动特征反映在自第四纪以来发育的乌兰断陷盆地，是叠加在晚第三纪断陷盆地之上的；原褶皱隆升的山区，新构造运动以来仍具有继承性上升之势。第四纪以来不同时段活动的断裂，大多与原有老断裂重合或受老断裂的控制。这些构造运动现象，明显地表现出新构造运动的继承性特征。

2. 新生性

从断裂活动的追踪调查来看，活动断裂并不完全局限在老断裂的运动轨迹之上，而是在不同时段，不断地利用、改变原有断裂形迹而产生新的运动方式。如一些规模较大的断裂，早期表现出倾滑性质，上新世以后运动学特征发生改变，均以挤压逆冲运动为主。乌兰盆地的沉降中心，晚第三纪时期位于北部丘陵区内的阿里根和阿干大里一带，而第四纪以来的沉降中心向南移至柯柯盐湖—都兰湖地区。

新构造运动以来，随着场区东部 NNW 向鄂拉山隆起带的强烈抬升，在强大的推挤作用下，盆地东缘洪积扇上形成了新的乌东断裂。这一切现象反映出新生性的构造运动特征。

3. 间歇性

从现有的构造地貌表现的种种形态特征来看，新构造运动非直线式，而是有快、慢波动的间歇性。以高原普遍存在的振荡性上升运动为例，近场区普遍存在三级夷平面、三期洪积扇和四级阶地。这些地貌现象证明，近场区乃至整个高原地区普遍存在间歇式上升构造运动。

第三节 近场区主要断裂活动性评价

活动断裂是指晚第四纪以来，特别是全新世以来发生过活动且在今后仍然有可能活动的断裂。由于活动断裂与地震活动密切相关，因此对近场区内的断层进行活动性鉴定工作，是工程场地构造稳定性评价的基础，也是进行地震预测和确保工程场地安全的关键环节，亦是潜在震源区判定的重要条件。

在野外地质的基础上，对近场区分布的大、小断裂和疑似断裂进行遥感解译（图3-8），最后确认第四纪以来有过活动的断裂并展示在近场区地震构造图上（附图Ⅱ）。将其活动性论述如下。

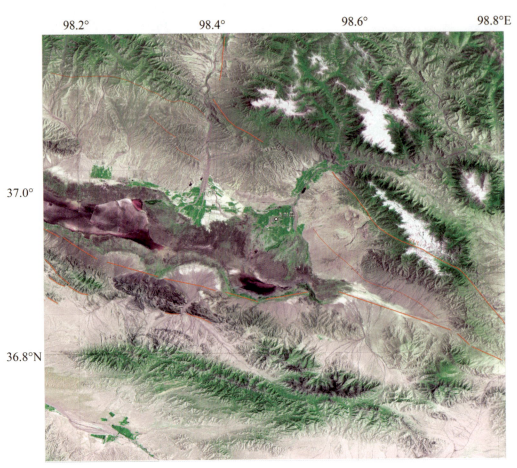

图3-8 近场区遥感解译图

1. 老虎口断裂（F_1）

该断裂西起特拉蒙西南一带，东经郭条山北侧、老虎口后，终止于阿干大里山北侧一带，全长60余千米，在近场区内长约35km。断裂总体走向NW295°，呈舒缓波状延伸，展示出压性构造特点。

该断裂是乌兰盆地北部边缘的控制性断裂，北侧高山区为寒武系—志留系出露区域；南侧丘陵区为上第三系分布范围，地貌清晰，是不同地形的构造分界。地质资料显示，断裂破碎带一般宽约25～50m，最宽可达300m，断层角砾岩普遍可见。

活动性调查资料显示，断裂自第四纪以来活动特征表现不甚明显，尤其是流经断裂的冲沟、水系，在跨断裂处，均被第四纪堆积物所覆盖，使得断裂形迹在伸展方向上不连续。野外调查获取的确定资料如下。

（1）在布赫特山南坡较高位置上，展示出两套地层的接触带非常清晰，断层剖面显示，断层倾向NE，倾角45°左右，断层北侧灰绿色火山沉积岩向南逆冲到浅黄绿色的砾岩之上。北部寒武—奥陶系层位保存较完好，南部新第三系变形破坏较为严重（图3-9）。

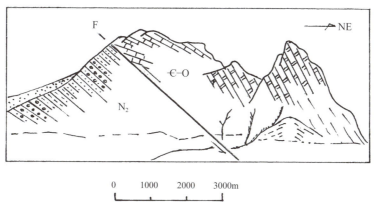

图3-9 布霍特山南坡寒武—奥陶系逆于第三系之上

（2）老虎口东南部山前一带，垭口地貌发育。垭口南侧断丘由新第三纪页岩、砂砾岩组成，呈带状延伸（图3-10）。反映了断裂北盘地层抬升往南逆冲，导致断裂南盘地层受挤压变形的特征。在距老虎口东南1200m处的断层剖面图显示，断丘南侧与主干断裂平行的次级断层显示北盘的新第三纪砂砾岩逆冲到南盘的下更新统之上（图3-11）。

图3-10 老虎口东南部山前地带垭口地貌及断丘图

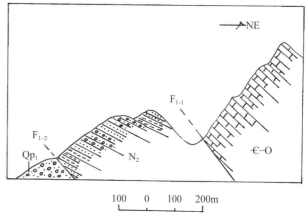

图3-11 老虎口东侧断层剖面素描图

综合上述资料判定，该断裂显示压性逆断层特征，最新活动时期为早更新世。

2. 阿里根山—阿干大里山南坡断裂（F_2）

在阿里根山至阿干大里山南坡分布的上第三系中，发育着两条走向断裂。由于这两条断裂的活动性质差异较大，故分别加以描述。

F_{2-1}：该断层位于阿里根山南坡，长约13km，走向NW320°，东西两端均被第四系所超覆，断层分布在倾角20°左右的单斜地层之中。现场调查资料显示，断层倾向与地层倾向一致，在近断层处，地层倾角略有变化达到28°左右，为一条走向正断层。断层形成于上新世晚期，第四纪以来没有活动迹象。

F_{2-2}：为航片解释获取的疑似断层，实地调查断层真实存在。断层位于阿干大里山南缘，上第三系之中，为一条走向逆断层，长约6km，走向近EW，两端均被第四系所超覆。断层倾向与地层倾向一致，在近断层处，地层倾角变化较大达30°～40°。实地调查，断层地貌特征清晰可辨，断层北侧海拔在3200m左右，山势陡峭、连绵不断；而断裂南侧海拔在3100m左右，为不连续分布的孤山丘岭分布带。断层西端山体被断错形成断槽分布（图3-12、图3-13）；断裂东端以第三级夷平面被断错后而形成断层三角面延伸带（图3-14），断裂中部被中更新世湖相沉积所超覆。综合上述资料，断层断错第三级夷平面后，被中更新统所覆盖，断层最新活动时代为早更新世。

图3-12　断层西端光伏电站附近断槽地貌景观图

图3-13　垃圾场附近断槽地貌景观图

图 3-14　分布于断层东端的断层三角面，Ⅲ级夷平面被断错

3. 大柴旦—尕海—乌兰隐伏断裂带（F₃）

该断裂带西起大柴旦镇北部山前地带，向东南方向延伸，经莫和滩盆地南缘、石底泉槽地、可鲁克湖、尕海、都兰湖后被鄂拉山断裂所截切，全长 280 余千米，总体走向呈 NW—EW—SE，为一平卧的反"S"形。该断裂经本近场区第四纪沉积盆地的南缘延伸，长约 54km，是本项目工程区重要的断裂之一。

该断裂是柴北缘深断裂系中的主干断裂，地面上又是一条隐伏断裂，很难发现其踪迹，根据现有的文献资料，其活动性可归纳为如下几个方面。

（1）断裂的地貌特征

该断裂是一条大型的隐伏断裂，地面上难觅其踪，但是断裂的新活动地貌特征明显，沿着断裂走向除控制了第三纪以来形成的较大规模的莫和滩盆地、德令哈盆地、乌兰盆地外，同时也控制了沿线分布的一系列湖泊和洼地，如石底泉槽底、可鲁克湖、尕海湖、柴凯湖、柯柯盐湖、都兰湖和茶卡盐湖等。这些湖泊及洼地展示了断裂存在的位置及对第四纪地层的控制作用和最新活动的地貌特征。

（2）断裂的地质构造特征

该断裂是构成柴北缘欧龙布鲁克台隆与柴北缘残山褶带的分界，两者具有不同的构造基底。北侧的欧龙布鲁克台隆是古地台分裂解体后的残块，由下元古界中深度变质岩结晶基底及四套盖层组成。而南部的柴北缘台缘褶带的基底则是由晚古生代泥盆系—下二叠统构成的活动型沉积层组成的残山褶带。两者基底不同，反映了断裂形成时间长、规模大、切割地壳较深的地质构造特征。

（3）断裂的新构造活动特征

地面调查断裂活动并不明显，主要表现为湖盆区被夷平，湖泊自晚更新世以来处于逐渐消亡过程。乌兰构造盆地中上新统发生轻微变形，产状为倾角 20° 左右的单斜，而第四系均未发生变形迹象。近场区地震活动水平低，自有地震记录以来，没有发生大于 M_S5 以上地震。

（4）浅层人工地震勘探工程成果

断裂位于近场区中段之内，长约 54km，通过实施长达 20.3km 的跨断层浅层人工地震勘探工程，获取了测线变密度时间剖面及地质解译剖面图（图 3-15）和浅层人工地震探测断层资料（表 3-1）。

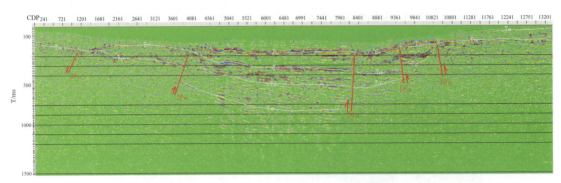

图 3-15a　LW1 测线（赛什克村）变密度时间剖面图

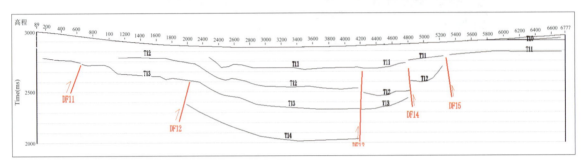

图 3-15b　LW1 测线（赛什克村）地质综合解释剖面图

表 3-1　浅层人工地震探测断层一览表

序号	测线编号	测线名	断层编号	性质	断点位置（桩号/CDP）	倾向	视倾角	断距/m	上断点/m	控制程度	主要构造情况
1	LW1	赛什克	DF$_{11}$	逆断层	719/1262	SSW	55°		50 以浅	较可靠	位于山前基岩顶面抬高
			DF$_{12}$	逆断层	2114/4056	SSW	48°	>200	120 以浅	可靠	新生界与基岩断层接触
			DF$_{13}$	逆断层	4234/8292	SSW	78°	>150	128 以浅	可靠	强反射界面错断
			DF$_{14}$	逆断层	4804/9432	NNE	71°	30	127 以浅	可靠	强反射界面错断
			DF$_{15}$	逆断层	5288/10400	NNE	61°	40	120 以浅	可靠	新生界与基岩断层接触

① 剖面图显示，古盐湖盆的基底由 5 条较陡直的断层组成，断层倾角在 48°～74°。断层共分为南、北两组。其中湖盆南侧的 2 条断层（DF$_{11}$、DF$_{12}$）S 倾；湖盆北部的 3 条断层（DF$_{13}$、DF$_{14}$、DF$_{15}$）均 N 倾，两组断层均为逆断层而倾向相背，展示出挤压断陷盆地的构造特征并与断裂总体的运动学特征相吻合。

② 控制新沉积盆地的主要断层有 2 条，即 DF$_{12}$、DF$_{13}$，但以 DF$_{12}$ 为主，这是因为 DF$_{12}$ 基底断错距离最大，大于 200m，又处在南部柴北缘残山褶带与欧龙布鲁克台隆的分界位置。故此地面仅以此断裂为代表标识在地震构造图上。从地面实地调查也不难看出，该断层控制了湖积平原的南界，沿线正好是盆地边缘地下水溢出带，分布的泉点较多。

③ 进行浅层人工地震勘探工作，主要是根据岩石的物性特征确定各反射波组的地质岩性，从而将

反射波组与地下地质目的层联系起来。利用深钻孔资料无疑是进行地质层位标定的最有效的方法，在无深钻孔资料的情况下，利用地下岩层岩序上不同时段岩性组合的波组特征进行大的地质层标定是唯一的方法。

根据乌兰盆地的沉积环境分析，盆地的沉积基底位于欧龙布鲁克台隆之上，是新第三纪以来形成的小型台坳盆地，盆地中心自上新世以来，地层沉积没有间断，由下而上波组标定的地质层位如下。

沉积基底：反射波组标定的沉积基底为下元古界中深变质岩及震旦系浅变质岩系组成。由于该基底经历长期的抬升过程，基底面凹凸不平，从近场区内阿母内可山及小园山一带均有基底出露情况分析，基底埋深较浅，与上覆地层呈角度不整合接触。由于该类岩石为高速层，在地震剖面中与新生界界面清晰。

T_{14} 波组标定的地层为上新统（N_2）。该层为山间盆地型碎屑岩建造，岩层层位稳定、连续性好，地震剖面自然反射界面较强，界面稳定连续。

T_{13} 波组层标定的地层为下更新统（Qp_1）。该地层在本区地面未见出露，但在老虎口一带地下，确见其分布，由于处在较为动荡的环境，以砾岩沉积为主，与上、下地层均呈不整合接触，地震反射界面清晰。

T_{12} 波组层标定的地层为中更新统（Qp_2）。由于该地层以冰水沉积为主，岩性与上、下地层区别较大，存在清晰的地震反射界面。

T_{11} 波组层标定的地层为上更新统—全新统（$Qh-Qp_3$）。由来自周围山区的碎屑物质组成，下部冲积砂、砾石为主，岩屑较粗，上部由细砂、淤泥、砂质黏土、食盐、芒硝和石膏等组成。由于该地层未成岩、松散，与下部岩层差距较大，在地震剖面中反射界面较弱且连续性不好或不发育，但的确存在。

由图3-15b地质综合解译剖面图中看出，T_{12} 波组层标定的中更新沉积层被断错后，被上更新统—全新统所超覆。表3-1中的 DF_{11} 和 DF_{12} 给出的上断点距地面的距离在 $120 \sim 128m$ 以内。这表明，该断裂最新活动时间止于中更新世末，为中更新世活动断裂。

以上资料表明，大柴旦—尕海—乌兰隐伏断裂是第四纪以来仍在持续活动的深大断裂构造带，至晚第四纪以来，在断裂西段仍强烈活动的背景下，本近场区所在的断裂东段处在断裂活动的平静阶段。

4. 鄂拉山断裂（F_4）

鄂拉山断裂是本区最重要的活动断裂。该断裂规模很大，由数条走向NNW向的高角度逆断层组成。沿断裂两侧广泛发育有成带分布的基性岩和断续分布的超基性岩，普遍具有较强的片理化和糜棱岩化。

该断裂形成于早古生代，印支期—喜马拉雅期进入陆内造山阶段，活动强度十分剧烈，控制了印支期中酸性岩浆岩的侵位和区域晚三叠世火山沉积盆地的分布。

自新构造运动以来，随着NNW向的山脉强烈隆升，沿主干断裂广泛发育直线状延伸的断层三角面、断错坡脊带、断层泉等，局部可见中酸性侵入岩逆冲于新第三系之上，并切割冰碛地貌及晚第四纪以来形成的冲—洪积扇。

鄂拉山断裂主要由6条次级断层段以左阶或右阶羽列而成，断裂的分段几何特征在第二章中有较详细的描述，在近场区内展布的是呼德生断裂段，此处对展布于近场区内的该断裂段描述如下。

该段断裂从北西端的阿汗达来寺向南东沿柯柯霍尔格、中尕巴，穿过都兰河后经阿移哈垭口至呼德生谷止，总体走向NW45°，长约30km。晚第四纪以来活动强烈，断错地貌及形变地貌类型丰富，但普遍具有以下几种类型。

由于鄂拉山断裂晚第四纪以来其力学性质以右旋走滑为主兼具正断运动分量,因此形成了如水系、山脊、洪积台地、阶地等的右旋断错微地貌和断层崖、断层陡坎、断陷谷地、断裂沟槽等垂直断错微地貌。

（1）断裂残丘和断面丘

1）断裂残丘

沿断裂分布的孤立山丘,规模长度由数十米至数百米不等,尤其是在平原区愈为明显,他们多以孤立的和数个一组形式线性分布。这些沿断裂走向分布的山丘,可能是由于断裂挤压形成的隆丘,也可能是断裂平移错动形成的断坡脊,在经历了较长时间的风化剥蚀后残存下来（图3-16）。

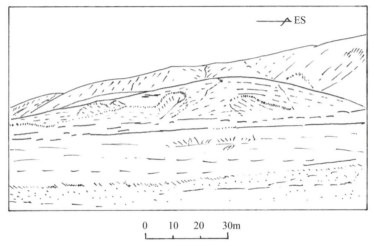

图3-16　大沙沟附近的断裂残丘地貌,长度达百米以上

2）断面丘

断面丘与断裂残丘相似,但具有倾斜的面状特征。这种形成于山丘侧面上的斜平面地形与重力剥蚀作用无关,其产状多与断面趋向一致,主要为断层在地面上的残存部分。如在上尕巴村以东出现的断面丘,长约60m,高约20余米,断面走向NW310°,倾向NE,倾角45°左右（图3-17）,与断层产状一致。类似断面丘的地貌还有断面山,如上尕巴村东部的海拔标高3267～3242m的长条山包,长约1200m,断面走向NW310°,倾向NE,倾角60°左右（图3-18）。

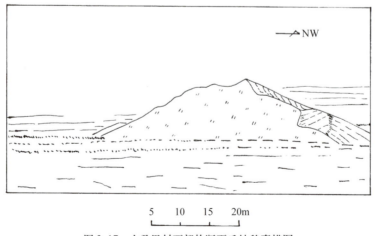

图3-17　上尕巴村西部的断面丘地貌素描图

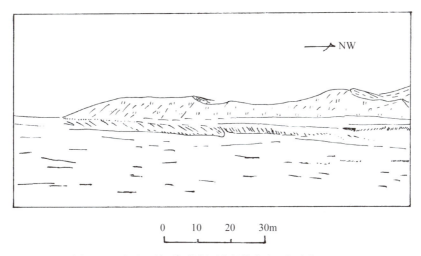

图 3-18　上尕巴村西部的断面山规模宏大，长度约 1200m

（2）断坎

在断裂带上，断坎随处可见，如发生在山坡前、冲洪积扇及河流阶地之上的陡坎带。断坎受断裂升降运动控制。最典型的断坎多发生在察汗达来寺东部的海拔 3598～3489m 标高点段，断坎长 1500m，坎高 15m 左右，断错了山前的坡梁及冲洪积扇面，反映了断层北东盘强烈上升，西南盘相对下降的运动特点（图 3-19）。

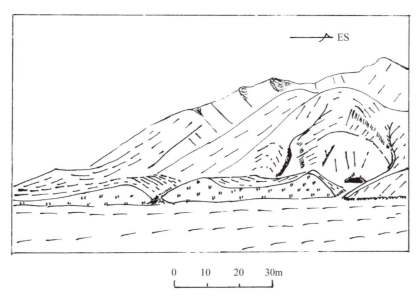

图 3-19　阿汗达来寺东南发育断层之上的规模宏大的断坎地貌

（3）断错坡脊

断错坡脊是平移型断裂中最为常见的断错地貌类型。本断裂段内有多处坡脊断错地貌，如上尕巴村附近发育的断错地貌（图 3-20）。青藏公路南的地震形变带中发育的断错地貌（图 3-21），主要分布在呼德生沟内。由于鄂拉山断裂以右旋平移运动为主，往往将山前一连串分布的坡脊全部断错，形成坡脊断错带。同时也将流经断层的冲沟一起断错，形成冲沟断错带和断错脊，堵塞冲沟后在断槽中形成湿地和泉水分布带（图 3-22）。

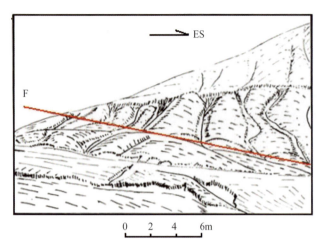

图 3-20　上尕巴村附近的小型坡脊及冲沟断错地貌

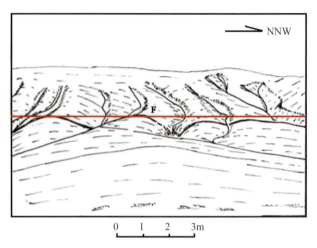

图 3-21　青藏公路南部 3387m 高地东坡冲沟断错素描图

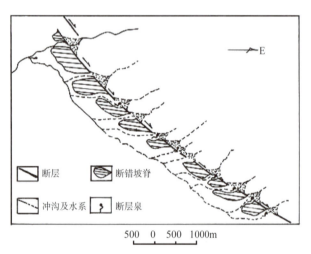

图 3-22　呼德生断谷中的大沙沟源头的坡脊断错带平面图

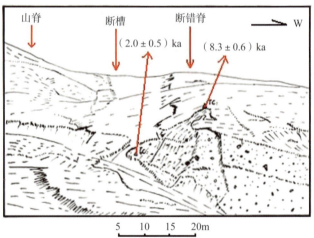

图 3-23　呼德生沟分水岭处的断槽及断错坡地貌素描图
（37° 01′ 26.37″ N；98° 32′ 16.2″ E）

从断错坡脊的横切面上可以看出，断错坡脊由三种地貌形态组成：即山脊（断层的上升盘）、断槽（断层通过处）和断错脊。断槽形成后，很快被碎屑物充填，从碎屑物中取样进行测年，可大致判断断层活动的时段，从呼德生沟分水岭处断槽及断坡脊上取样测年获取的测年数据表明（图 3-23），断错坡上覆黄土 TL 年代为（8.3±0.6）ka，断槽中近底部含砾黄土层 TL 年代为（2.4±0.5）ka。表明断错坡脊上覆黄土层形成后，最新一期断裂活动期在距今 2400 年左右，表明断裂全新世晚期仍有活动。

（4）地震形变带

在实施野外调查工作期间，在呼德生沟的南口和青藏公路的南侧分别发现两处古地震形变带，由于形成时间久远，地震目录中没有记载。地震形变主要以鼓包和断坎为主，凹槽及裂缝均已填平，不见其踪迹，大多数的鼓包由于风化作用方向性较差，但从中仍能辨识出部分鼓包大小、长轴方位、断坎走向和高度。其中呼德生沟南口处古地震形变带中，可分辨出鼓包长度在 6～8m、10～18m 和 25～33m 三组，鼓包长轴方向在 290°～320°，呈雁行分布，反映出右旋平移运动特征。断坎为冲积扇反向陡坎，坎高 5m 左右，遭遇长期冲蚀，破坏严重，走向 325° 与断裂走向趋于一致，显示西南盘抬升（图 3-24）。

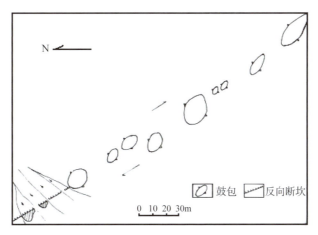

图 3-24 呼德生沟南出口处古地震形变带平面分布图
（36°43′05.26″N，98°51′09.14″E）

青藏公路南侧古地震形变带，可分辨出鼓包长度在 7～10m 和 11～16m 两组，长轴方向在 270°～300°，呈雁行分布，反映了断裂右旋平移运动特征，断坎可见长度 97m，坎高 3m 左右，走向 NW325°，与断裂走向趋于一致，显示南西盘上升（图 3-25）。

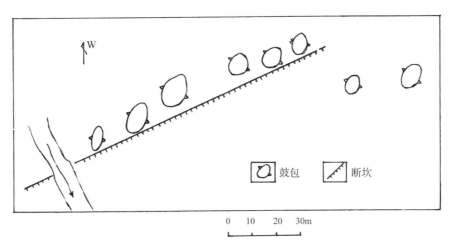

图 3-25 青藏公路南侧 3387m 高地东缘的古地震形变带平面图
（36°41′52.7″N，98°52′06.37″E）

沿鄂拉山断裂带的追踪考察和探槽开挖发现了多处断层剖面。如茶卡六道班断裂段的干沟即为一个断距达 270m 的右旋断错冲沟，在沟的南岸出露断层剖面，断裂早期活动可能具逆冲性质，致使断面东侧半胶结的 Qp_2-Qp_1 砾岩发生明显的掀斜变形，在后期发生的正-走滑活动下，形成一个断塞塘堆积，断裂活动断错了其中的全新世砂砾石土层。在咸泉附近断错地貌非常清楚，断裂活动不但形成了明显的断层陡坎，而且还右旋断错了多级冲洪积台地，其中Ⅳ级阶地前缘断错 130m，Ⅲ级阶地后缘断错 170m，Ⅲ级阶地前缘断错 70m。在南侧Ⅱ级阶地上形成了三条断头沟，断距分别为 80m、110m 和 120m。同时，断裂活动在剖面中也非常明显，断错晚更新世—全新世冲洪积砂砾石层。

该断裂在老虎口至尕秀沟口一带出露比较明显的断面，走向 NW15°～30°，倾向 NE，倾角 50°～70°。断裂主要发生在石炭系、奥陶系—志留系以及华力西期花岗岩体之中，并且切割断裂沿线所有地层。可见山脊右旋扭错，水系、冲沟同步拐弯，并普遍发育断层坎。如尕秀沟口以北山谷中发育的反向陡坎由不连续但呈线性排列的基岩残丘和第四纪堆积物构成，主坡角为24°～30°，坎高1～2.5m（图3-26）。

正向陡坎多发生在晚更新世—全新世早期形成的洪积扇上，如尕秀沟口以南山前地带，正向坎断续出露，一般高2m左右。断裂经过山坡脚处发育成组的断头沟和断尾沟（如尕秀沟口以南山前）。经野外对应分析，断裂表现为右旋断错，错距多为35m左右。

断裂明确地断错尕秀沟Ⅱ级阶地。位于Ⅱ级阶地上的探井剖面可见如下断裂特征（图3-27）。

①断裂产状：345°/NE∠66°；

②断面上可见红褐、灰白等杂色断层泥，厚约10～20cm，表明断裂活动具有挤压特征，并具有多期活动性。

在尕秀口北400m处见断层剖面，断层特征如下（图3-28）。

①断层产状：N25°W/NE∠56°；

②断裂沿花岗岩与Qh¹砾石层之间发育，砾石层逆冲于花岗岩之上；

③断面处上盘砾石层定向排列，砾石层层理杂乱不清，松散未胶结；

④断面上覆全新世晚期残积层未被断错，残积层厚为40cm；经热释光年代测试，未断层位底部距今（5.51±0.47）ka。

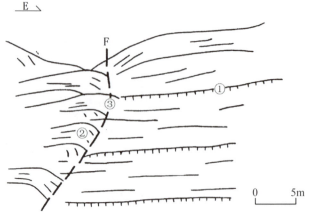

图3-26 尕秀沟口北1km处断坎地貌素描图
①冲沟壁；②反向坎；③断裂位置

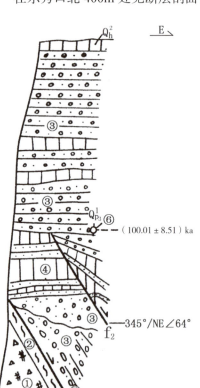

图3-27 尕秀沟北300m探井剖面素描图
①花岗岩破碎带；②断层泥；③砾石层；④黄土夹层；⑤断层及性质；⑥热释光样采集点

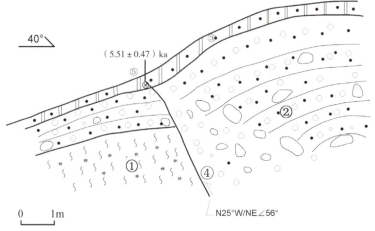

图3-28 尕秀沟口北400m处断层剖面素描图
①花岗岩破碎带；②砾石层；③残积层；④断层及性质；⑤热释光

通过以上资料分析，鄂拉山断裂带具有右旋平移运动为主兼挤压的运动特征，是自晚第四纪以来仍在持续活动的全新世活动断裂。

5. 乌兰盆地东缘断裂（F_5）

发育在乌兰盆地东侧河东村附近的山前冲洪积扇之上，处在NNW向的鄂拉山右旋走滑断裂带的北段西侧，是该主走滑断裂带在北西端挤压部位形成的一条挤压逆冲断裂带，长约25km，总体走向NW40°，由三条次级断裂段呈"之"字形线状延伸，其中在巴拉哈特沟以北和陶力沟附近，断裂出现分叉和拐弯现象。该断裂带在地貌上表现为清晰的正向断层陡坎，断错了Ⅰ～Ⅳ级冲洪积阶地，其新活动显著，性质为逆断特征。袁道阳、刘小龙等人对该断裂进行了详细的研究，本报告以引用前人研究成果为主，辅以野外地质调查。

乌兰盆地东缘断裂带的新活动主要以挤压逆冲为主，致使断裂带附近的上第三系、第四系发生了明显的挤压变形，形成了较为典型的断错微地貌。通过对该断裂带较详细的追踪考察，获得了较多的有关该断裂带新活动的地貌及地质证据。

（1）断裂的几何特征

袁道阳等研究表明：在乌兰盆地东缘山前冲洪积扇上保存了一条线性延伸长、地貌表现清晰、以断层陡坎为特征的逆冲断裂带（图3-29）。

乌兰盆地东缘断裂带发育在乌兰盆地东侧河东村附近的山前冲洪积扇之上，处在NNW向的鄂拉山

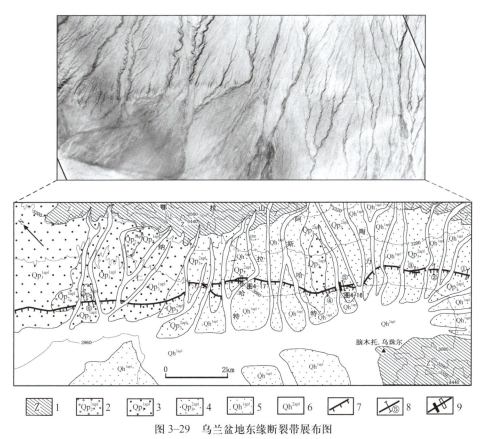

图3-29 乌兰盆地东缘断裂带展布图
1.震旦系；2.中更新世晚期（相当于Ⅳ级冲洪积阶地）；3.晚更新世早期（相当于Ⅲ级冲洪积阶地）；
4.晚更新世晚期（相当于Ⅱ级冲洪积阶地）；5.全新世早期（相当于Ⅰ级阶地）；6.全新世晚期；
7.断层陡坎（齿示坎方向）；8.实测陡坎编号；9.断层及探槽位置（实心为探槽，空心为天然剖面）

右旋走滑断裂带的北段西侧，是该主走滑断裂带在北西端挤压部位形成的一条挤压逆冲断裂带，长约22km，总体走向NW40°，由三条次级断裂段呈"之"字形线状延伸，其中在巴拉哈特沟以北和陶力沟附近，断裂出现分叉和拐弯现象。该断裂带在地貌上表现为清晰的正向断层陡坎，断错了Ⅰ～Ⅳ级冲洪积阶地，其新活动显著，性质为逆断特征。

（2）断裂的地貌特征

1）砖瓦厂观测点

位于断裂北端的砖瓦厂内的取土场内。裸露的上新统为向NE倾的单斜，倾角30°左右，而在断层附近倾角变化达60°左右，可见断裂破碎带最宽处可达70余米。发现最新活动的断层位于破碎带的南侧，地貌上由断槽沟及断裂残丘带组成。横跨断层的地质剖面图（图3-30）显示，主干断层倾向E，倾角达55°。其东侧上新统橘红色砂岩、砾岩和泥岩层较为完整，中间约2m的破碎带，地层破碎呈角砾状，并逆冲到西侧的黄土之上。

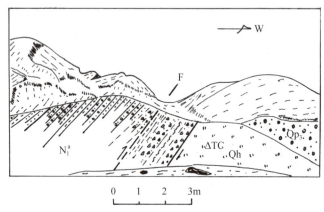

图3-30　断裂北端部砖瓦厂的断层剖面图
（37°01′26.4″N，98°32′16.2″E）可见上新统逆于全新统之上

通过黄土层取样年代分析，TL年代为（5.8±0.3）ka，表明断层最新活动发生在全新世晚期。

2）河东村附近观测点

在河东村东侧，洪积扇的前缘，沿断裂走向分布着一连串的隆丘。这些隆丘大小不一，其长轴短者数十米，大者数百米，其断续延伸长达4000m左右。从工程开挖砂石料所揭示的剖面来看，隆丘均由晚更新世砂砾石层组成，表明这些隆丘形成于晚更新末期，是受断裂控制的变形地貌（图3-31）。

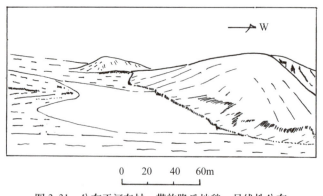

图3-31　分布于河东村一带的隆丘地貌，呈线性分布

3）大沙沟冲积扇前缘观测点

在大沙沟冲积扇前缘南侧的平原之上，呈雁行分布着一系列的隆梁，规模大小不一，小者长轴长100～200m，大者长轴可达数百米。隆梁的长轴方向为SE100°左右，呈右阶羽列分布，反映了断裂挤压兼右旋平移运动特征（图3-32）。

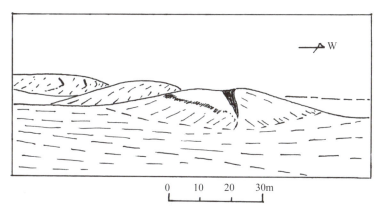

图3-32　大沙沟冲积扇前缘平原上雁行分布的隆梁

（3）垂直断错微地貌及活动速率

在乌兰盆地东缘河东村一带的鄂拉山山前发育了多期冲洪积扇，致使冲沟两侧形成了Ⅰ～Ⅳ级冲洪积阶地。断裂横穿阶地而过，造成Ⅰ～Ⅳ级阶地断错，形成高大的断层陡崖和低矮的断层陡坎等。总的趋势是南端阶地新，断层陡坎低，主要为小的陡坎；向北阶地逐渐变高，断裂在地貌上则表现为高大的断层陡崖。

归纳起来，可以看出沿乌兰盆地东缘断裂带Ⅰ级阶地或洪积台地上断层陡坎高度为1.55m左右（图3-33）；Ⅱ级阶地或台地上的断层陡坎高度为2.25～2.5m左右（图3-34）；Ⅲ级阶地上断层陡坎高为6.1m左右；Ⅳ级阶地上断层陡坎高为16.5m左右。

选取本区典型地段的Ⅰ～Ⅲ级阶地进行采样测试，其TL年代分别为：Ⅰ级阶地为（4.4±0.2）kaB.P.，Ⅱ级阶地为（23.8±1.2）kaB.P.，Ⅲ级阶地为（36.5±1.8）kaB.P.。根据Ⅰ级阶地或洪积台地上断层

图3-33　山前冲洪积扇断层陡坎Ⅰ级阶地（镜向E）

图 3-34　山前冲洪积扇断层陡坎Ⅱ级阶地（镜向 E）

陡坎高度为 1.55m 左右，Ⅱ级阶地或台地上断层陡坎高度为 2.25～2.5m 左右，Ⅲ级阶地上断层陡坎高为 6.1m 左右，计算得到乌兰盆地东缘断裂带晚更新世晚期以来的垂直滑动速率为（0.21±0.12）mm/a。

（4）断裂的地质证据

乌兰盆地东缘断裂带的新活动主要以挤压逆冲为主，致使断裂带附近的晚第四系发生了明显的挤压逆冲变形，形成了较为典型的断错微地貌。通过对该断裂带较详细的考察，尤其是填图性质的研究，获得了较多的有关该断裂带新活动的地质及地貌证据。

沿断裂带的追踪考察，发现了几个天然地质剖面，同时还开挖了一个探槽（图 3-35），探槽垂直于阿斯哈特南支沟Ⅱ级阶地上的断层陡坎开挖。

其岩性特征如下：

①土黄色含砂质中粗砾石层，具近水平层理；

②淡黄色细砂土层，厚 0.1~0.2m；

③深灰黑色粗砾石层，含巨砾石成分，厚 1m；

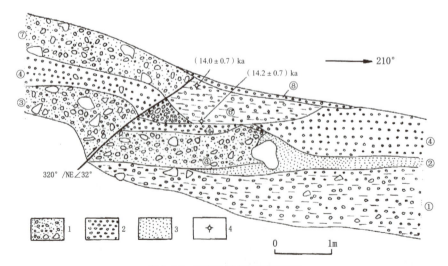

图 3-35　阿斯哈特沟探槽剖面图
1.中粗砾石层；2.中砾石层；3.砂层；4.TL 采样点

④灰黑色中砾石层，具斜层理，厚 0.4~1m；

⑤含砾石砂土，为崩积楔；

⑥土黄色含少量砾石砂土层，其底部 TL 年代为（14.2±0.7）ka，顶部 TL 年代为（14.0±0.7）ka；

⑦粗到巨砾石层；

⑧地表坡积砾石及砂土层，厚 0.1~0.2m。

断层性质为逆断层，产状为 320°/NE∠32°，断裂活动断至地表，表明该断裂晚更新世以来至全新世晚期仍有活动。

另外，在巴拉哈特沟北岸Ⅱ级阶地之上仍保存了一明显的断层陡坎，在阶地边缘发现了一个天然剖面（图 3-36）。

其岩性特征如下：

①土灰黑色中细砾石层，具近水平层理；

②土黄色细砂土层，厚 0.3m；

③淡紫色砂砾石层，为一标志层，断距 0.3m；

④土黄色砂土层夹较多中粗砾石层，厚 0.3m；

⑤土黄色砂土层，含砾石，厚 0.2m，其顶部 TL 年代为（25.5±1.28）ka；

⑥土灰色细砂砾石，含土质较多，厚 0.4m，其底部 TL 年代为（23.8±1.2）ka。

断层性质为逆断层，产状为 320°/NE∠35°，断裂活动明显断错层①~⑤，斜距 0.2m，层⑥可能也被断错，并在地表形成明显的断层陡坎，表明断裂在晚更新世晚期—全新世以来仍有活动。

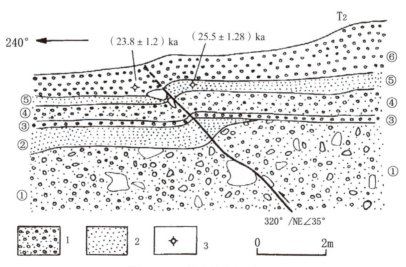

图 3-36 巴拉哈特沟断层剖面
1.中粗砾石层；2.中粗砂层；3.TL 采样点

通过对乌兰盆地东缘断裂带较详细的航卫片解译及野外沿断裂带的追踪考察，对断裂带的新活动特征取得了许多新的认识，主要表现在：

乌兰盆地东缘断裂带为一条发育在 NNW 向的鄂拉山右旋主走滑断裂带北西侧的次级挤压逆冲断裂带，其构造变形受主断裂的制约和影响。断裂在地貌上表现为非常清晰的正向断层陡坎。乌兰盆地东缘断裂为全新世活动的逆冲断裂带。

6. 疑似断裂调查

在近场区根据卫星影像，发现在老虎口断裂以南地区，存在一条迹象明显，长约10km，走向NWW的线性特征（图3-37）。经野外地质调查，存在一条NWW向陡坎，沿线发现断错山脊、鼓包及其在洪积扇上形成的断层陡坎，其中陡坎高约2m，宽3m（图3-38～图3-40）。

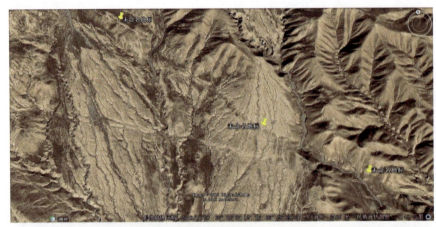

图3-37 卫星影像及野外地质照片（镜向NWW）

图 3-38 疑似断层陡坎照片

（左图镜向 NW，右图镜向 N）

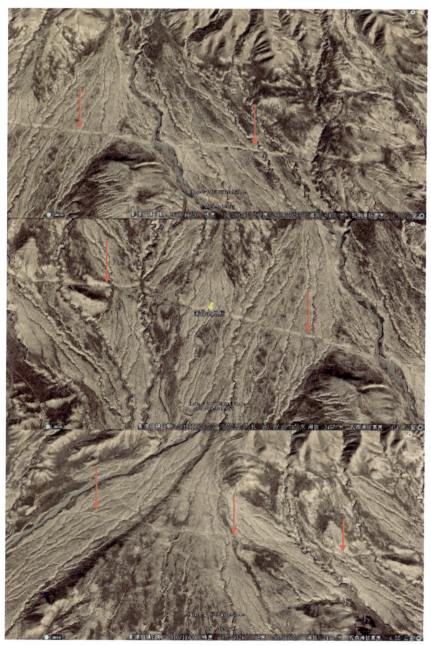

图 3-39 卫星影像显示的疑似断裂迹象

图 3-40　疑似断层垭口、断裂陡坎、鼓包

　　对于该条断裂，经过探槽开挖，未能发现有断错地层的迹象，邀请甘肃省地震局袁道阳研究员对探槽进行分析，确定没有断错地层的迹象，认为该疑似断裂线性迹象不是断裂所形成。

　　此外，在近场区根据卫星影像，发现在老虎口断裂及道路南侧，存在另外一条迹象明显，长约5km，走向NWW的线性特征（图3-41）。经野外地质调查，存在一条NWW向陡坎，沿线发现疑似断错山脊、鼓包及其在洪积扇上形成的断层陡坎，其中陡坎高约1.5m，宽3m（图3-42）。

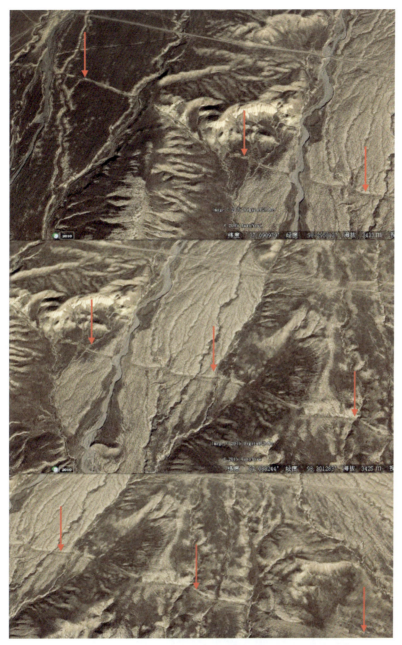

图 3-41　卫星影像显示的线性特征

图 3-42　疑似断层凹槽

（左图镜向 NW，右图镜向 SE）

对于该疑似断裂线性迹象，通过野外地质调查、探槽开挖等手段，排除了是断裂的可能。进一步询问当地牧民，确认为废弃很久的道路。

第四节　近场区地震活动性特征

地震小区划要更为详细地研究场地周围的地震活动环境，近场区及附近的地震活动对场地的影响至关重要。在小区划近场区范围（36.67°～37.19°N，98.15°～98.81°E）内以中、小震为主，小震主要集中分布于场地的北部和东南部，场地西部和西北部地震分布零散，区划场地处于地震活动相对较弱的地段（图3-43）。近场区25km范围内1970年至2015年8月共记录到 $M3.0$ 以上地震19次，其中，$M3.0～3.9$ 地震16次，$M4.0～4.9$ 地震3次，最大地震为2005年4月27日发生在都兰湖西部的 $M4.7$ 地震。2005年6月29日 $M4.2$ 地震发生在鄂拉山断裂北段附近。表3-2为近场区 $M \geqslant 3.0$ 地震目录。

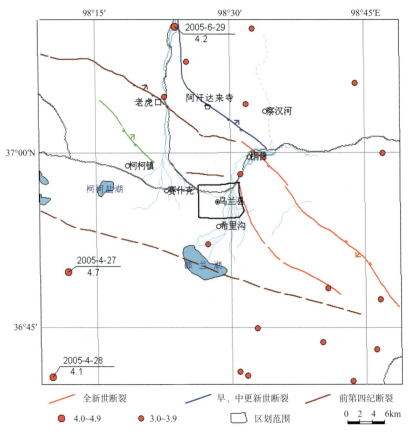

图3-43　近场区地震震中分布图

表3-2　近场区 $M \geqslant 3.0$ 地震目录（1970年1月至2015年8月）

序号	发震时刻	震中位置			震级 M	深度 /km
	年-月-日	北纬 /°	东经 /°	参考地名		
1	1975-11-21	37.08	98.38	老虎口	3.7	
2	1977-07-31	37.18	98.55	察汉河北	3.0	

序号	发震时刻	震中位置			震级 M	深度 /km
	年-月-日	北纬 /°	东经 /°	参考地名		
3	1978-03-12	36.73	98.67	都兰湖东南	3.5	
4	1979-02-24	36.68	98.52	都兰湖南	3.6	
5	1979-02-26	36.68	98.53	都兰湖南	3.6	
6	1980-06-13	37.00	98.78	铜普东	3.6	
7	1985-12-23	36.72	98.77	都兰湖东南	3.2	
8	1987-08-10	36.80	98.67	都兰湖东	3.0	
9	1995-07-14	37.13	98.42	老虎口北	3.3	
10	1997-11-15	36.87	98.46	乌兰县南	3.3	
11	2001-12-21	36.75	98.55	都兰湖东南	3.4	
12	2002-03-09	36.97	98.52	乌兰县北	3.6	
13	2005-04-27	36.83	98.20	都兰湖西	4.7	
14	2005-04-28	36.68	98.17	都兰湖西南	4.1	
15	2005-06-29	37.18	98.40	老虎口北	4.2	5
16	2005-09-15	36.80	98.78	都兰湖东	3.6	20
17	2007-02-14	36.68	98.72	都兰湖东南	3.0	
18	2009-02-01	37.07	98.53	阿汉达来寺东	3.0	5
19	2014-03-13	37.10	98.73	察汉河东	3.0	3

第五节　近场区地震构造环境评价

近场区存在多条断裂，通过现场地震地质调查、探槽开挖、浅层人工地震、年代学等手段的探查，确定 3 条断裂对乌兰县存在较大的潜在影响。

1. 鄂拉山断裂带（F$_4$）

经断裂活动性鉴定，该断裂为全新世活动断裂，加之断裂本身所具有的深大断裂构造特征和在区域大地构造中的位置，不能排除今后发生大震的可能。该断裂距离小区划工程场地最近约为 5.3km，发生在该断裂上的地震活动，对乌兰县建设工程构成较大的潜在影响。

2. 乌兰盆地东缘断裂（F$_5$）

经断裂活动性鉴定，该断裂为全新世活动断裂。虽然该断裂的规模较小，仅为 25km，但鉴于其晚第四纪以来的新活动性，不能排除其发生中强地震的可能。该断裂从小区划工程场地东北角穿过，其余地区距离工程场地 200～300m 左右，发生在该断裂上的地震活动，对乌兰县建设工程构成较大的潜在影响。

3. 大柴旦—尕海—乌兰隐伏断裂（F$_3$）

近场区位于该断裂的东段，经野外地质调查和浅层人工地震勘探资料分析，该断裂晚第四纪以来活动性较差。但该断裂所具有的深大断裂性质和在区域构造中的位置及断裂西段全新世以来强烈活动的构造背景，不能排除今后发生中强地震的可能。该断裂主干断裂距小区划工程场地约 6.9km，今后的地震活动会对工程场地构成一定的潜在影响。

从近场区的地震环境分析来看，有地震记载以来没有发生 $M5$ 以上地震，自 1965 年以来，共记录到 $M3.0$ 以上地震 19 次，其中最大地震为 4.7 级，展现出地震活动的总体水平较低。从地震发生的空间分布来看，鄂拉山断裂发生 $M3.0$ 以上地震 4 次，最大地震为 2005 年 6 月 29 日 $M4.2$ 地震；乌兰盆地东缘断裂发生 $M3.0 \sim 3.6$ 地震 3 次，而大柴旦—尕海—乌兰隐伏断裂附近发生了 3.0 级以上地震 5 次，最大为 2005 年 4 月 27 日 $M4.7$ 和 28 日 $M4.1$ 地震。

第四章　地震危险性分析

本章的目的在于根据区域地震活动性和区域地震地质的研究成果，确定影响到工程场地地震安全性的潜在震源区、地震活动性参数和地震动衰减关系，再进行乌兰县的地震危险性分析，为地震安全性评价提供依据，为震害评估、地震动力反应分析提供参数。

第一节　分析方法概述

对乌兰县小区划场地的地震危险性分析，采用了编制中国地震动参数区划图所使用的方法。该方法能够较好地反映地震活动的时、空非均匀性，其基本技术思路和计算方法概述如下。

（1）确定地震统计单元（地震带），并以此作为考虑地震活动时间非均匀性，确定未来百年地震发生的概率模型和地震空间分布模型的基本单元。对每个统计单元采用分段的泊松过程模型。统计单元未来 t 年内发生 n 次 4 级以上地震的概率为：

$$P(N=n)=\frac{(\nu_4 t)^n}{n!}e^{-\nu_4 t} \tag{1}$$

式中，ν_4 为未来百年内 4 级以上地震的年平均发生率，该值反映了地震活动的时间非均匀性，可以通过地震带未来百年地震活动趋势预测结果得到。

统计单元内地震震级概率密度函数为截断的指数函数：

$$f_M(M)=\frac{e^{-\beta(M-M_0)}}{1-e^{-\beta(M_{uz}-M_0)}} \tag{2}$$

式中，M_{uz} 为该统计单元的震级上限；M_0 为相应单元的震级下限。当震级小于震级下限和大于震级上限时，概率密度值为零。

（2）在地震带内部划分潜在震源区，潜在震源区内地震危险性是均匀分布的。潜在震源区由几何边界、震级上限和分震级档的地震空间分布函数 f_{imj} 来描述。

（3）利用全概率求和原理，计算统计单元内发生一次地震时，场点给定地震动值（i）的超越概率。基本计算公式为：

$$P(I\geq i)=\iiint P(I\geq i\mid E)f(x,y\mid M)f_M(M)f_\theta(\theta)\mathrm{d}x\mathrm{d}y\mathrm{d}M\mathrm{d}\theta \tag{3}$$

式中，$P(I\geq i\mid E)$ 是震级为 M、震中位置为（x、y）、地震动椭圆衰减长轴方向与正东方向夹角为 θ 时，场点给定地震动值（i）被超过的概率，该函数由地震动衰减关系确定；$f(x,y\mid M)$ 为给定震级的空间分布函数，该函数可以依据震级分档情况和潜在震源区的面积得到；f_θ 为等震级长轴取向概率密度函数，

用 δ 函数表示。

（4）利用地震发生次数的分段泊松模型，可以计算某个统计单元 k 对场点的超越概率：

$$P_{ik}(I \geqslant i) = 1 - e^{-v_4 t P(I \geqslant i)} \tag{4}$$

（5）若有 K 个统计单元对场点有影响，则场点总的超越概率为：

$$P_i(I \geqslant i) = 1 - \prod_{k=1}^{K}\left(1 - P_{ik}(I \geqslant i)\right) \tag{5}$$

以下将对研究区范围内的潜在震源区划分、确定地震活动性参数、建立地震动衰减关系等分别进行论述。

第二节　潜在震源区的综合判定

潜在震源区系指未来有潜在可能发生破坏性地震的区域，它是有可能发生破坏性地震的震源或震中位置的集合体。因此，潜在震源区的判定是地震区划的核心，也是地震危险性分析中最基础最重要的环节之一。

一、地震区带的划分

地震在空间上的不均匀性主要受区域构造环境、地球物理场以及地壳结构等的制约，常常集中分布在某一个地区或某一构造带上。研究结果表明，这些特定地区的地震活动在时间和空间上往往具有某种内在联系，划分地震区和地震带是研究地震活动规律的基础，也是进行地震危险性分析非常重要的一环，它是评定地震活动趋势，确定地震活动性参数最基本的统计单元。

1. 地震区划分的主要依据
大地构造属性类似的地区；
地壳结构及深部地球物理场类似的地区；
新构造及现代构造活动相似的地区；
现代构造应力场基本一致的地区；
破坏性地震在时间、空间上关系密切，并具有明显的区域性活动特征的地区。

2. 地震带划分的主要依据
地震活动密集，在空间上属同一构造活动带控制；
地震活动具有沿同一构造活动带迁移、重复等特点；
地震活动及其与构造的相关性不十分明显，但发震构造条件极为类似；
明显的地壳结构梯级带。
在同一地震带内，如地震活动及构造环境有明显差异，可再分为亚带。

3. 地震区、带边界的确定
活动构造单元的外界；
活动构造单元的转折带；
中强地震及小地震活动密集分布区的外界。

4.地震区、带划分

根据上述地震区、带的划分原则，参考编制第五代中国地震动参数区划图的划分结果，本区域研究范围位于青藏高原地震区的青藏高原东北部地震亚区，主要涉及祁连山—六盘山地震带、柴达木—阿尔金地震带。

二、确定潜在震源区的原则与方法

确定潜在震源区实际上就是要预测破坏性地震可能在哪些地点或地段发生。本项研究仍然依据目前普遍接受的两条基本原则。

（1）地震重复性原则

即根据文献记载或仪器记录，过去曾发生过破坏性地震的地方今后有可能重复发生震级相近的地震。

（2）构造类比原则

即地质构造条件相似的地区，有可能发生震级相近的地震。

根据上述两条基本原则，潜在震源区的确定主要是根据地震活动的空间分布特征及地质构造特征，特别是活动构造特征来进行。具体而言，在划分潜在震源区时主要有以下考虑：

（1）凡是历史上已经发生过破坏性地震的地方，均划为潜在震源区。在中国西部凡是已发生过5.5级地震的地区一般均划入不同震级上限的潜在震源区。

（2）根据历史记载或近代仪器记录，中、小地震成带分布或密集成丛分布的地区，一般都划为潜在震源区。

（3）根据活动构造的研究，凡是发现有晚第四纪以来强烈活动的活断层区，特别是有古地震遗址的地区，均应划入潜在震源区。

（4）有些地区历史上无破坏性地震记载，但与已发生过破坏性地震的地区构造条件类似，根据构造类比的原则也划为潜在震源区。

在研究中采用二级划分法确定潜在震源区，即先划分出地震带，然后再从地震带内划分出不同震级上限的潜在震源区。

三、潜在震源区边界及震级上限的确定

潜在震源区方向与范围，即边界的确定对地震危险性的判定同样很重要。方向与范围不同，直接影响着周围的烈度和加速度值。

1.潜在震源区方向的确定

（1）同一深部背景的变异带方向。

（2）区域历史强震极震区长轴方向。

（3）区域强震破裂带方向。

（4）现代主要活动断裂带方向及震源走滑活断层方向。

（5）弱震密集带方向。

（6）中强以上地震的条带方向。

因此，潜在震源区的长轴方向一般代表发震构造或发震断层的破裂方向。

2.潜在震源区宽度的确定

（1）活动断裂空间几何形态所影响的宽度，断裂带多期活动造成的挤压破碎带宽度，一般以活断层

为轴线外延 5 ～ 10km，并适当在断层上盘加宽。

（2）6 级以上地震的分布范围外界，弱震密集活动区范围及震源深度投影优势宽度。

3. 震源深度的确定

研究区地震均为浅源地震，据地震观测资料及地震等震线估算，震源深度分布范围为 10 ～ 30km，优势深度为 20km 左右，因此，潜在震源区的深度以 20km 为宜。

4. 潜在震源区震级上限的确定

震级上限 M_u 是指该潜在震源区内可能发生的最大地震的震级，对于该潜在震源区来说，发生超过这一震级地震的概率接近于零。潜在震源区震级上限的确定主要是通过对该潜在震源区本身的地震活动性及地震构造特征来进行的。研究区内潜在震源区震级上限的确定主要依据为：

（1）不同的地壳构造区、不同的地震区及不同的地震带，控制了不同强度的地震。震级上限应受控于各地壳构造区地壳介质可能承受的破裂强度及所处大地构造条件。因此，各潜在震源区的震级上限，不应高于所在地震带的震级上限。

（2）发生过历史地震的潜在震源区，未来仍有可能发生同样强度的地震。因此，各潜在震源区的震级上限，不能低于该区段历史最大地震的震级。

（3）历史上无强震记录的构造区段，据古地震及断层组合最大极限长度估算潜在震源区的震级上限。

（4）潜在震源区所处地震网络的尺度与震级上限的确定。

5. 本底地震的确定

考虑到研究区所处的青藏高原东北部区构造和地震的具体条件，本区绝大多数 6 级以上地震都可以划在潜在震源区内，但一些 5.9 级以下地震却带有较大的随机性，虽然大多数已划入潜在震源区内，但仍有个别地震呈离散状态分布于潜在震源区外，有时不易分出它们与哪些构造有直接关系，因此将这类地震作为本底地震考虑。考虑到该区活断层发育，弱震活动水平高及历史地震记载遗漏较多等原因，因此将本底地震划为 6.0 级。

四、潜在震源区的综合判定结果

乌兰县小区划场地不小于150km 半径范围内的潜在震源区划分方案，充分吸取了近年来的最新研究成果，依据前几章所述地震活动和地震构造环境特征，尤其是近场区的详细研究结果，对场区地震危险性有较大影响的潜在震源区的依据和边界进行了复核和修订（图 4–1；表 4–1）。

依据上述潜在震源区判定原则、指标及方法，参照第五代地震区划图潜在震源划分的阶段性成果，结合本区域地震活动和地震特征研究，区域范围内共划分了 21 个潜在震源区，其中 8.0 级潜源区 2 个，7.5 级潜源区 10 个，7.0 级潜源区 4 个，6.5 级潜源区 5 个，1 ～ 4 号潜源位于祁连山—六盘山地震带，5 ～ 19 潜源位于柴达木—阿尔金地震带，20 ～ 21 号潜源位于巴颜喀拉山地震带。潜源判定结果见表 4–1 和图 4–1。

现将对乌兰县影响较大的几个主要潜在震源区特征标志分述如下。

（1）德令哈 7.5 级（9 号）潜在震源区

该潜在震源区展布于德令哈市北侧的大柴旦—宗务隆山断裂和宗务隆山南缘断裂，在区划图中该潜源的震级上限为 7.0 级。其中，宗务隆山南缘断裂西部始于石底泉槽地向东南延伸，经怀头他拉水库北部的八罗根郭勒河谷、野马滩山前的埃尾沟、柏树山煤矿、巴音郭勒沟谷，终止于休格隆一带，全长约

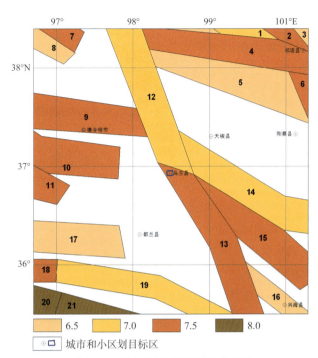

图 4-1 潜在震源区综合判定结果图

表 4-1 潜在震源区综合判定一览表

所属地震带	编 号	名 称	震级上限
祁连山—六盘山	1	野牛台	7.0
	2	肃南	7.5
	3	黄藏寺	6.5
	4	哈拉湖	7.5
柴达木—阿尔金	5	大通山	6.5
	6	海晏	7.5
	7	党河	7.5
	8	党河南山	6.5
	9	德令哈	7.5
	10	怀头他拉	7.5
	11	锡铁山	7.5
	12	阳康	7.0
	13	鄂拉山	7.5
	14	青海南山	7.0
	15	共和	7.5
	16	兴海	6.5
	17	格尔木	6.5
	18	格尔木南	7.5
	19	都兰南	7.0
巴颜喀拉山	20	托索湖	8.0
	21	花石峡	8.0

200km，总体走向近 EW，为逆冲断层。构成北侧宗务隆山隆起山地与南侧盆地及内部低山隆起的分界断裂。根据区域地质调查，认为该断裂的夏尔恰达至泽令沟农场段（德令哈段）为全新世活动断裂段，长度约 60km。晚更新世以来由于山前断层的持续活动，使得与山前断层相关的河流阶地和山前冲洪积扇发生了变形，形成断层陡坎，冲沟左旋断错。根据实地测量和计算得到，宗务隆山南缘断裂水平活动速率为 2.35mm/a，垂直活动速率为 2.16mm/a。根据现场实际开挖探槽的结果，沿断裂带发现多次古地震事件。

根据近年来新的研究资料，柴达木盆地北缘地区发育了一系列走向基本一致、呈 NWW 向首尾错列的活动褶皱与活动断裂带，主要有怀头他拉、俄博山和锡铁山—阿木尼克山等三排活动逆断裂—褶皱带（袁道阳，2003）。该区的构造变形表现为一组逆冲断裂带逐渐由山体前缘向盆地内部扩展，形成由山体向外依次变新的一系列逆断裂－背斜带，它们应属于复合型的前展式逆断裂推覆构造带。近年来，在柴达木盆地北缘地区发生了多次 6 级以上强震，如 2003 年青海 4 月 17 日德令哈 6.6 级地震、2008 年 11 月 10 日海西州 6.3 级地震和 2009 年 8 月 28 日海西州 6.4 级地震等。根据柴北缘地区新活动断裂鉴定结果，结合该区的构造活动性以及处于二级活动块体的边界带上等因素，在新的中国地震动参数区划图编制过程中，重新判定出位于柴北缘逆断裂－褶皱带弧顶部位的怀头他拉和锡铁山两个 7.5 级潜源区，即判定柴达木盆地北缘断裂带为 7.5 级发震构造。

宗务隆山断裂全长 200km，为全新世活动的逆冲断层，依该断裂的规模及活动性，根据构造类比原则，其发震能力判定为 7.5 级，因此该潜源在新的中国地震动参数区划图的基础上，潜源范围不变，震级上限由 7.0 级提高至 7.5 级。

（2）怀头他拉 7.5 级（10 号）潜在震源区

这个潜在震源区位于大柴旦—夭海断裂，该断裂西起大柴旦，向东沿库尔雷克山南侧及山间谷地穿过，经欧龙布鲁克山北缘，延伸至乌兰，全长 280km 左右，总体呈 NWW 向展布。这个潜在震源区位于断裂带中西段，断裂带西段由多条不连续的次级断层组成，主要控制前白垩系（AnK）的分布，沿断裂带发育有洪积扇、断层陡坎、破裂带等微地貌，多处呈现一定的负地形沉积盆地，对盆地的生成和发展具有强烈的控制作用；东段由一条基本连续的骨干断裂组成，主要发育在中新统及上新统之中。托素湖以东部分，由于湖相沉积覆盖而呈半隐伏状态，断裂带遥感影像特征比较隐晦，特征不是很明显。不过断裂带的发育对所经区域的水系边界有比较明显的控制作用，特别是控制了几个呈串珠状的中小型湖泊的分布。在南泉水梁以西，可见石炭系中、上统含煤地层逆冲于第三系泥岩之上，形成较大的山缘高差。断层断错晚更新世砾石层，断层表现为基岩断坎及沟槽状负地形，或为断层三角面连续展布，断坎、断层谷发育。雷达站断层坎发育在砾石层之上，断坎高度稳定，一般在 1.7m 左右，沿线可见冲沟左旋扭错，大多数扭距为 10m，可认为是全新世以来的累积位移量。探槽剖面揭示，该断裂带全新世以来的平均水平滑动速率为 0.83mm/a，平均垂直滑动速率为 0.14 mm/a。在托素湖以西，该断裂存在两个全新世活动段，其一为无名泉—俄博山段，其二为怀头他拉煤矿—南泉水梁段。根据断裂带的特征，沿该断裂划定 7.5 级潜在震源区。

（3）锡铁山 7.5 级（11 号）潜在震源区

柴达木盆地北缘断裂，西起赛什腾山南麓，往东南沿绿梁山南、锡铁山南，止于霍布逊湖附近，全长 260 余千米，总体走向 N45°～50°W，倾向 NE，倾角 35°～50°，断裂成为二级构造单元柴达木断褶带与柴达木中心坳陷的界线。断裂东北侧为由元古界变质岩组成的中高山地貌，南侧为新生界砂砾岩和黏土岩组成的低山丘陵、洪积扇和戈壁平原。沿断裂台阶状叠式冲积堆和断崖发育。在绿梁山南楚和锡铁山南，见北盘元古界逆冲于上新统上。锡铁山东站东侧还见有上新统逆冲于上更新统—下全新统之上的现象，水平右旋速率为 3mm/a。断裂带在霍布逊湖附近，曾于 1962 年和 1977 年分别发生 6.8 级和 6.3 级地震，并分布 10 余次 5 级左右地震，1996 年 8—9 月曾经发生一例典型的震群活动，最大震级为 M_S4.6。该潜在震源区震级上限定为 7.5 级。

（4）阳康 7.0 级（12 号）潜在震源区

该潜在震源区位于鄂拉山断裂北段，断裂北起朵尔马日登，向南横穿苏勒南山后，继续向南至乌兰北。地貌上形成断续的沟谷槽地及垭口，沿垭口断裂形成一系列断层陡坎、断层三角面、山口、断陷谷地等，并有成群的温泉出露。据航卫片资料判读，结果表明，断裂切割了最新地貌面。沿断裂近期小地震频繁，北段与 NWW 向断裂复合部位发生过多次 6 级以上地震。1930 年在北段曾发生 6.5 级地震，1938 年中段曾发生 6 级地震。该潜在震源区震级上限为 7.0 级。

（5）鄂拉山 7.5 级（13 号）潜在震源区

该潜在震源区位于鄂拉山断裂南段，断裂位于鄂拉山隆起之东侧，部分构成共和盆地坳陷带的分界。断线延伸较直，断面较平整或部分呈舒缓波状。断裂具明显的压扭性质。从产状的多变及伴生组分特征看，反映新断裂压扭活动的不均衡性和力学性质的转变。在卫片上断裂形迹清晰，地貌上出现一系列断层垭口、陡坎、三角面、断裂谷等。沿带温泉成群出露，水温高达 50 ～ 70℃，可知断裂影响深度较深，为一条全新世活动断裂。断裂新活动形成了一系列山脊、冲沟和阶地等的右旋断错及断层崖、断层陡坎等。晚更新世晚期以来，鄂拉山断裂带的平均水平滑动速率为（4.1 ± 0.9）mm/a，垂直滑动速率为（0.15 ± 0.1）mm/a。中强地震沿带密集分布，2000 年 9 月 12 日断裂带南段的兴海附近发生 6.6 级地震。该潜在震源区震级上限为 7.5 级。小区划场地位于该潜在震源区。

（6）青海南山 7.0 级（14 号）潜在震源区

该潜在震源区位于青海南山北缘断裂。青海南山北缘断裂全长约 160km，倾向 SW，倾角 60° 左右，断裂活动具有左旋走滑兼逆冲性质，在晚更新世时期曾有过较强活动。如倒淌河一带钻探及物探资料证实断裂断错了下更新统和上更新统。断裂两侧地貌反差较明显，卫片上有线性构造显示，两侧色调对比鲜明。山前可见到较老的断层三角面，许多地段见到断裂活动而造成的鞍形地貌及较早的断层崖。断裂西段和中段的新活动明显强于东段。该潜在震源区震级上限为 7.0 级。

（7）共和盆地 7.5 级（15 号）潜在震源区

该潜在震源区沿共和盆地南缘隐伏断裂带展布，该断裂全长约 150km，为一全新世活动的隐伏断裂，其总体呈 NW 向分布，控制了河卡山隆起与共和盆地南缘的地貌形态，还控制了晚更新世以来的地层分布，并断错了更新世地层。该断裂带在晚更新世之前活动强烈，控制了盆地南部地貌形态。但全新新世以来，沿断裂带差异活动有着明显的减弱趋势。航片解释结果表明，该断裂在茶卡盐湖东南至哇玉香卡一带，地表有古地震遗迹分布，1990 年 4 月 26 日塘格尔木农场 7.0 级地震及其强余震，在地表形成了多组地震裂缝、小鼓包等地震破裂遗迹。潜源范围划分根据断裂带展布及地震分布范围划定，震级上限根据断层活动性和区域对比确定为 7.5 级。

（8）托索湖 8.0 级（20 号）、花石峡 8.0 级（21 号）潜在震源区

这两个潜在震源区展布于东昆仑活动断裂带，东昆仑活动断裂带是中国大陆内部一条著名的以左旋走滑为主的巨型断裂构造，由北缘断裂和南缘断裂组成。该断裂构造带横贯于青海省中部，绵延千余千米，它西起新疆鲸鱼湖以西，往东经青海省的库赛湖、东西大滩、秀沟纵谷、阿拉克湖、托索湖、下大武、玛沁，东延至甘肃省的玛曲以东。实地考察结果表明，断裂带第三纪晚期以来有明显的多期活动表

现，尤其是全新世时期的活动非常强烈而普遍。沿带除多处见老地层逆冲于全新统之上外，强烈地震造成的地震陡坎、鼓包、凹坑、地裂缝、鼓梁、沟槽、断塞塘、崩塌、断错水系和阶地等古地震遗迹发育广泛。该断裂带分段特征明显，这两个潜在震源区展布于花石峡—东倾沟段，有地震记载以来的 3 次 7 级以上地震均发生在该段，最大震级为 1937 年 1 月 7 日花石峡北 7.5 级。两个潜在震源区震级上限均定为 8.0 级。

第三节　地震活动性参数的确定

地震活动性参数是描述区域地震活动水平的特征量，是进行地震危险性概率分析的基础性工作之一。它包括地震带和潜在震源区的地震活动性参数。

地震带的地震活动性参数指震级上限 M_{uz}、起算震级 M_0、震级频度关系式中的 b 值，采用"分段泊松模型"描述地震活动过程所需要的地震年平均发生率 v；为了恰当地把地震带的年平均发生率分配到每个潜在震源区去，还要确定各潜在震源的空间分布函数 f_{iMj}，以及各潜在震源区等震线椭圆长轴走向分布函数 $f_i(\theta)$。

一、确定地震活动性参数的原则

1. 地震带为基本统计单元

目前使用的地震危险性分析方法，要求地震活动符合泊松模型，大小地震之间的频次关系满足修正的古登堡－里克特震级频度关系式，这就是说，研究中所确定的地震活动性参数必须反映地震活动在空间上和时间上的群体性。由于地震带内地震活动在空间上同属一个最新构造活动带的控制，构造成因具有相似性，在时间过程上也有一定的规律性，并且一个地震带中的地震样本量比较充分，因而，地震带作为确定地震活动性参数的基本统计单元。

2. 地震事件的独立性及随机性

为了保持地震事件的独立性、随机性，应消除大地震的余震和震群活动的影响。工作区地处西部，地震活动的重复期较短，只删去主震后两年内的余震。对于震群，保留其中最大的一次地震。

3. 由地震活动趋势分析来衡量和评价未来地震活动水平

一个地震带中的地震活动常出现相对平静与显著活动交替出现的准周期性，判断目前和未来百年内各地震带可能所处的活动阶段、可以对表征地震活动水平的年平均发生率 v 进行某些限制。

4. 按震级区间分配年平均发生率

为了不低估高震级地震对场地危险性分析的贡献，并能更好地吸收地震预测方面的科研成果，比较客观地反映地震强度、空间分布的不均匀性，本项工作按震级档来进行年平均发生率的分配，并采用空间分布函数来描述地震活动的时、空不均匀性。

5. 综合评定法确定空间分布函数 f_{imj}

在确定对各潜在震源区分配年平均发生率的空间分布函数 f_{imj} 时，采用多项因子的综合评定方法来确定，各项因子的选择既要反映各潜在震源区存在的可靠性，也要考虑到地震活动的时空非均匀性，还要尽量吸收中长期地震预报研究成果。

二、地震带地震活动性参数的确定

区域所涉及的地震带主要是柴达木—阿尔金地震带、六盘山—祁连山地震带，对各地震带的地震活动性参数计算如下。

1. 震级上限 M_{uz} 和起算震级 M_0 的确定

确定 M_{uz} 有两条主要依据：一是历史地震资料足够长的地区，地震带中地震活动已经历几个地震活动期，可按该带内发生过的最大地震强度确定 M_{uz}，或根据古地震资料确定 M_{uz}；二是在同一个大地震活动区内，用构造类比外推，认为具有相似构造条件的地震带，可发生相似强度的最大地震。在实际工作中，综合考虑以上两条原则，且遵从地震带的震级上限 M_{uz} 应等于带内各潜在震源区震级上限（M_u）的最大值这一原则，即 $M_{uz} = (M_u)_{max}$。因此有：

柴达木—阿尔金地震带：$M_{uz} = 8.5$；六盘山—祁连山地震带：$M_{uz} = 8.5$；巴颜喀拉山地震带：$M_{uz} = 8.5$。

起算震级 M_0 系指对工程场地有影响的最小震级，它与震源深度、震源类型、震源应力环境等有关。由于区域范围内地震属浅源地震，一些 4 级地震也会产生一定程度的破坏，故在本研究中 M_0 取 4 级。

2. 各地震带 b 值和 v_4 的确定

b 值依据古登堡-里克特所定义的震级频度关系式 $\lg N = a - bM$，由实际地震数据统计确定。式中 a，b 为常系数，N 为震级大于等于 M 的地震个数。由于 b 值是在实际地震资料统计的基础上获得，它与资料的可靠性、完整性、取样时空范围、样本起始震级、震级间隔等因素有关。

v_4 是地震带（地震统计区）4.0 级以上地震的年发生次数，即 4.0 级以上地震的年平均发生率。从概率角度来说，v_4 代表地震带（地震统计区）年 4.0 级以上地震次数随机变量的泊松期望值。

本次工作中采用了中国地震动参数区划图编制中确定 b 值和 v_4 的方法，在不同方案进行统计分析后确定的 b 值和 v_4 作为初值的基础上，根据地震带（地震统计区）内实际地震的发生率、地震带（地震统计区）未来地震活动趋势分析结果、1970 年以来近 40 年的仪器记录地震资料所反映的中强地震发生次数的分布特点等因素，并基于对未来地震危险性给予合理保守考虑的原则，进行必要的调整，最终确定地震统计区 v_4 与 b 值的结果。本次工作最终使用的 b 和 v_4 数值，直接采用了中国地震动参数区划图编制中确定 b 值和 v_4 的结果。

（1）六盘山—祁连山地震带 1450 年以前地震资料严重缺失。1450 年以来 M6 以上地震发生较为平稳，1450—1900 年之间，M6 以下地震资料依然缺失较多；1900 年以后，M5 以上地震明显增多，基本完整；1970 年以后 M4 以上地震记录基本完整。1548 年和 1888 年是两个地震活动相对密集期的开始，未来地震活动水平不应低估长期平均的地震活动水平。对 v_4 与 b 值进行调整，重点考虑以下控制：

① M4 以上地震年发生率应大致相当于 1970 年以来地震活动水平；

② M5 以上地震年发生率应不低于 1900 年以来地震活动水平；

③ 较大震级发生率应重点考虑 1500 年以来地震活动情况。

经调整，确定六盘山—祁连山地震带地震活动性参数为 $b = 0.75$，$v_4 = 6.4$。

图 4-2 给出了理论计算值与实际统计数据点的比较，结果可以看出，所得 b、v_4 参数计算得到的理论发生率在小震级段，与 1970 年以来的水平大致相当；在中强震级段较保守，大致相当 1900 年以来水平；而在高震级段，由于在近 100 年内发生过数次 7 级以上地震，因此，发生率较高，属于地震活动的活跃期，考虑大震级地震的重现期可能更长，因此，以不低估 1500 年以来的大震活动水平，并适当考虑 1888 年以来大震活动水平来加以控制。

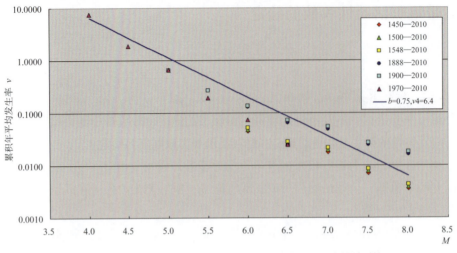

图 4-2 六盘山—祁连山地震带各时段实际统计与理论结果对比

（2）柴达木—阿尔金地震带地震记载时间较短，最早一次地震记载为 1832 年 8 月昌马 5½ 级地震，1920 年以前地震资料严重缺失，自 1920 年以来 M5 以上地震记录才基本完整，1970 年以后 M4 以上地震记录基本完整，1900 年以来 M6 以上地震发生较稳定。对 v_4 与 b 值调整重点考虑以下控制：

① M4 以上地震年发生率应大致相当于 1970 年以来地震活动水平；

② M5 以上地震年发生率应不低于 1920 年以来地震活动水平；

③ 较大震级发生率应重点考虑 1900 年以来地震活动情况。

经调整，确定柴达木—阿尔金地震带地震活动性参数为 b=0.84，v_4=12。图 4-3 给出了理论计算值与实际统计数据点的比较，可以看出，所得 b、v_4 参数计算得到的理论发生率在小震级段，与 1970 年以来的水平大致相当；在中强震级段较保守，大致相当于 1920 年以来水平；而在高震级段，不低估 1900 年以来的大震活动水平，并适当保守。

（3）巴颜喀拉山地震带地震记载时间较短，最早一次地震记载为 1915 年 4 月 28 日青海曲麻莱 6½ 级地震，1930 年以前地震资料严重缺失，自 1930 年以来 M5 以上地震记录才基本完整，1970 年以来 M4 以上地震基本完整，1915 年以来 M6 以上地震发生较稳定。对 v_4 与 b 值进行调整，重点考虑以下控制：

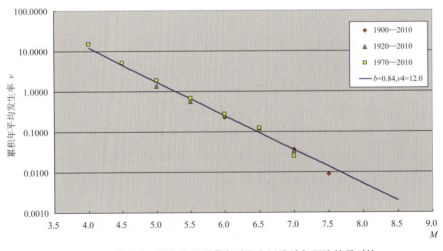

图 4-3 柴达木—阿尔金地震带各时段实际统计与理论结果对比

① M4 以上地震年发生率应大致相当于 1970 年以来地震活动水平；

② M5 以上地震年发生率应不低于 1930 年以来地震活动水平；

③较大震级发生率应重点考虑 1915 年以来地震活动情况。

经调整，确定巴颜喀拉山地震带地震活动性参数为 $b=0.75$，$v_4=6.5$。图 4-4 给出了理论计算值与实际统计数据点的比较，可以看出，所得 b、v_4 参数计算得到的理论发生率在小震级段，与 1970 年以来的水平大致相当；在中强震级段较保守，大致相当于 1915 年、1930 年以来水平；而在大震级段，由于记载时间太短，实际地震发生率偏高，因此，重点以 7 级以上地震的活动水平来控制。

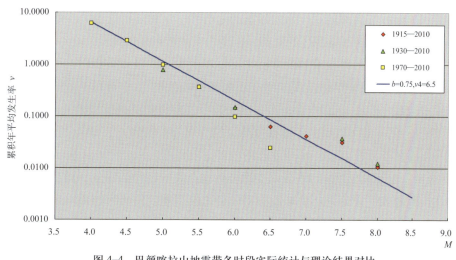

图 4-4　巴颜喀拉山地震带各时段实际统计与理论结果对比

三、潜在震源区的地震活动性参数

1. 震级上限 M_u

潜在震源区的震级上限 M_u 是指该潜在震源区可能发生的最大震级，主要由该潜在震源区本身的地震活动性和地质构造特点来确定。研究区各潜在震源区震级上限具体取值见表 4-2。

2. 空间分布函数 $f_{i,mj}$

在地震带内，须把地震带各震级档地震的年平均发生率分配给各相应的潜在震源区。这里采用空间分布函数，根据各潜在震源区发生不同震级档地震可能性的大小，对统计区各震级档的地震年平均发生率进行不等权分配。空间分布函数 $f_{i,mj}$ 的物理含义是地震带内发生一个 m_j 档震级的地震落在第 i 个潜在震源区内概率的大小。在同一地震带内 $f_{i,mj}$ 满足归一条件：

$$\sum_{i=1}^{n} f_{i,mj} = 1$$

式中，n 为地震带内第 m_j 档潜在震源区的总数。在本报告中，m_j 共分成 7 个震级档，即 4.0～4.9，5.0～5.4，5.5～5.9，6.0～6.4，6.5～6.9，7.0～7.4，≥7.5。决定空间分布函数大小的因子考虑如下：

6 级以下地震受构造因素的控制不明显，其随机性表现得比较强。因此，对 6 级以下的低震级档，主要考虑小地震空间分布密度（指单位面积的发震概率），采用面积等权分配的方法进行确定。

对于 6 ～ 7.4 级档的空间分布函数，主要考虑以下几方面的因子：

（1）潜在震源区的可靠性程度：主要是由确定潜在震源区所在的构造条件的充分程度所决定。

（2）中长期预报成果：从1984—1986年，国家地震局组织了5～10年地震危险区划分研究，并划分出若干危险区。这些危险区体现了各方面专家的知识、经验和智慧，也反映了近期地震危险程度的空间不均匀性。

（3）大地震的减震作用。

（4）小震活动。

（5）强震复发间隔与构造空段。

（6）地震的随机性：尽管在划分潜在震源区的边界时，考虑了构造单元等因素，但从对工程影响的角度，还应考虑同一个地震带内相同震级档次地震的随机性。这种随机性的大小用发震概率相同的单位面积的大小来反映。也就是将潜在震源区的面积，作为一个加权因子来考虑。

由前述6个因子赋值，再用等权求和的方法来确定其值大小。具体分析时，先由所先用的因子 k 单独对地震带内能够发生相应级档次 m_j 地震的潜在震源区 i 赋值 $W_{i, mj}$；对每一个因子 k 在地震带内归一化，得到因子载荷 $Q_{i, mj, k}=W_{i, mj, k}/\sum W_{i, mj}$；由各因子载荷之和得到总载荷量 $R_{i, mj}=\sum Q_{i, mj, k}$；由总载荷量 $R_{i, mj}$ 在地震带内归一化，即可以得到各潜在震源区的空间分布函数 $f_{i, mj}=R_{i, mj}/\sum R_{i, mj}$。该函数 $f_{i, mj}$ 可以反映出地震带内各潜在震源区 i 发生 m_j 档地震的相对危险程度。

7.5级以上震级档：由于能够发生7.5级以上地震的潜在震源区为数很少，而这种潜在震源区对工程场地的地震危险性贡献较大。无论是历史地震重复还是古地震重复的研究结果均表明，在同一潜在震源区或同一断层上，7.5级以上地震的重复间隔时间都在百年至千年的量级内。为了得到更加符合实际情况的高震级档空间分布函数，必须使用历史地震或古地震重复间隔数据，取其比较保守的下限，按均匀分布模式得到7.5级以上地震的年平均发生率 $v_{i7.5}$。再用这个 $v_{i7.5}$ 与整个地震带的 $v_{7.5}$ 相比，即可得到该潜在震源区7.5级以上震级的空间分布函数。

根据前面潜在震源区划分结果，结合各潜在震源区具体特征，按照前述空间分布函数确定的原则与方法，可得到各潜在震源区的空间分布函数。区域范围内各潜在震源区的空间分布函数列于表4-2中。

表4-2　潜在震源区空间分布函数表

编号	潜源名称	震级上限	4.0~4.9	5.0~5.4	5.5~5.9	6.0~6.4	6.5~6.9	7.0~7.4	≥7.5
1	野牛台	7.0	0.01426	0.01180	0.01003	0.02512	0.03218	0.00000	0.00000
2	肃　南	7.5	0.01614	0.01576	0.01167	0.02918	0.02615	0.05675	0.00000
3	黄藏寺	6.5	0.01408	0.01163	0.01153	0.01654	0.00000	0.00000	0.00000
4	哈拉湖	7.5	0.01797	0.01890	0.01272	0.03175	0.03380	0.07094	0.00000
5	大通山	6.5	0.00619	0.01884	0.00686	0.01763	0.00000	0.00000	0.00000
6	海　晏	7.5	0.00680	0.01372	0.00655	0.01682	0.01489	0.03810	0.00000
7	党　河	7.5	0.01069	0.00808	0.01039	0.01319	0.01567	0.04008	0.00000
8	党河南山	6.5	0.01012	0.00796	0.00924	0.01173	0.00000	0.00000	0.00000
9	德令哈	7.5	0.00983	0.01015	0.01012	0.01281	0.03888	0.02280	0.00000
10	怀头他拉	7.5	0.00987	0.00930	0.00741	0.01905	0.01470	0.03762	0.00000
11	锡铁山	7.5	0.01041	0.00974	0.00768	0.02382	0.03112	0.02597	0.00000

续表

编号	潜源名称	震级上限	4.0~4.9	5.0~5.4	5.5~5.9	6.0~6.4	6.5~6.9	7.0~7.4	≥ 7.5
12	阳　康	7.0	0.00987	0.00747	0.00675	0.02129	0.04033	0.00000	0.00000
13	鄂拉山	7.5	0.01046	0.00885	0.00797	0.02046	0.03549	0.02964	0.00000
14	青海南山	7.0	0.01051	0.00824	0.00783	0.01023	0.03897	0.00000	0.00000
15	共　和	7.5	0.00923	0.01129	0.00956	0.01281	0.03052	0.02542	0.00000
16	兴　海	6.5	0.00843	0.00621	0.00534	0.01373	0.00000	0.00000	0.00000
17	格尔木	6.5	0.01099	0.01080	0.00848	0.02179	0.00000	0.00000	0.00000
18	格尔木南	7.5	0.01071	0.00844	0.00841	0.02162	0.03071	0.02555	0.00000
19	都兰南	7.0	0.00959	0.00755	0.00677	0.01742	0.02960	0.00000	0.00000
20	托索湖	8.0	0.01773	0.01884	0.01756	0.01729	0.02013	0.06037	0.26291
21	花石峡	8.0	0.02273	0.01785	0.02650	0.01675	0.02700	0.11078	0.30016

四、椭圆长轴取向及其方向性函数

震源到场地的影响因素，除地震强度和距离外，等震线长轴取向也起着一定作用，近场震源尤其如此。通常的内圈等震线比较狭长，到外圈等震线趋于圆形。由此可见，等震线的取向对近场影响较大，对远场影响较小。

等震线长轴的取向与地震震源的破裂方式有关，而震源破裂方式又可以通过等震线形态和震源机制的研究结果来了解。一个地区等震线长轴的取向主要来源于对该地区地震等震线几何形状的统计研究。根据对研究区等震线长轴取向的分析结果，绝大部分6级以上地震的极震区长轴走向与区域活动断裂带的走向一致。因此，可按区域构造走向来预测未来地震等震线长轴走向。

在地震危险性分析计算中，等震线取向与相应潜在震源区的构造走向有关，其方向性函数可表示为：

$$f(\theta) = p_1 \delta(\theta_1) + p_2 \delta(\theta_2) \qquad (6)$$

式中，θ 为潜在震源区内构造走向与正东方向的夹角。p_1 和 p_2 为相应的取向概率。θ、p_1 和 p_2 在同一潜在震源区内相同，不同的潜在震源区可以不同。具体确定时，按以下3种情况分别取值。

1. 单一断层性质

主破裂面沿区域构造走向，特别是一些新生的断裂构造走向发育。这些地段的主破裂方向均取为新活动构造的走向。这是一种单一断层走向类型，主破裂面只有一个走向。

2. 共轭断层性质

如果两组断裂构造相互交汇呈共轭断层形式，难以分清哪一组为主，则两个方向的权重各占50%。

3. 一组断层为主，另一组断层为辅

对于某些位于区域主干断裂和分支断裂交汇地区的潜在震源区，按前述的统计分析结果，则取主干断裂走向的概率为70%，分支断裂走向的概率为30%。

第四节 地震动衰减关系

地震动衰减关系的确定是工程地震危险性分析中又一项重要的内容，由于地震动衰减同地震波传播路径中地壳介质的物理力学性质、震源体错动方式以及场地土质条件有关，因而地震动衰减具有强烈的地区性特点。因此如何选择适合本区的基岩水平加速度峰值衰减关系和基岩加速度反应谱的衰减关系就显得十分重要。

我国拥有丰富的地震烈度等震线资料，所以适合场地区域条件的烈度衰减关系可以利用相关地震烈度资料用回归分析方法得到。地震动基岩峰值加速度衰减关系通常也可利用强震观测记录资料回归分析来得到，但对于我国大部分地区（也包括本项目工程所在地区）由于缺少足够多的强震记录，无法直接基于强震记录资料来确定相应的地震动基岩峰值加速度衰减关系。本次工作直接引用中国地震局"十五"重点科研课题《地震动参数衰减关系研究》（俞言祥）给出的适用于甘、宁、青地区的地震动衰减关系。本衰减关系是根据胡聿贤先生提出的方法，借助外地地震动衰减关系，通过"地震动法"转换来获得本区的加速度衰减关系。

图4-5为基岩水平加速度峰值衰减关系曲线。

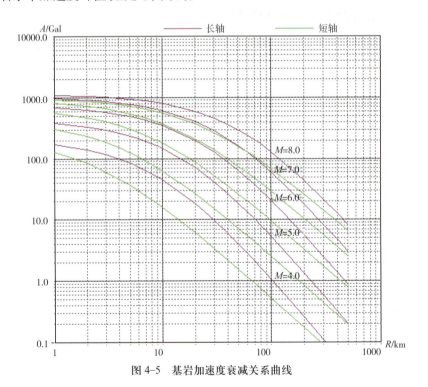

图4-5 基岩加速度衰减关系曲线

基岩水平加速度峰值衰减关系：

长轴 $\lg S_a = 0.617 + 1.163M - 0.046M^2 - 2.207\lg[R + 1.694\exp(0.446M)]$ $\sigma = 0.232$

短轴 $\lg S_a = -0.664 + 1.080M - 0.043M^2 - 1.626\lg[R + 0.255\exp(0.570M)]$ $\sigma = 0.232$

基岩水平加速度反应谱衰减关系：

$$\lg S_a = c_1 + c_2 M + c_3 M^2 + c_4\lg[R + c_5\exp(c_6 M)]$$

上式中的衰减系数见表4-3和表4-4。

表 4-3　甘宁青地区水平向基岩加速度反应谱衰减关系系数（长轴）

周期 T/s	C_1	C_2	C_3	C_4	C_5	C_6	$\sigma_{\lg S_a}$
PGA	0.617	1.163	−0.046	−2.207	1.694	0.446	0.232
0.040	1.208	0.952	−0.033	−2.056	1.694	0.446	0.225
0.050	1.196	0.941	−0.033	−2.002	1.694	0.446	0.226
0.070	1.656	0.826	−0.024	−2.037	1.694	0.446	0.226
0.100	2.207	0.731	−0.016	−2.090	1.694	0.446	0.231
0.120	2.115	0.749	−0.017	−2.047	1.694	0.446	0.251
0.140	2.145	0.745	−0.016	−2.052	1.694	0.446	0.258
0.160	2.131	0.750	−0.016	−2.050	1.694	0.446	0.253
0.180	1.946	0.797	−0.018	−2.068	1.694	0.446	0.259
0.200	1.829	0.798	−0.018	−2.001	1.694	0.446	0.268
0.240	1.657	0.809	−0.019	−1.944	1.694	0.446	0.269
0.260	1.645	0.815	−0.019	−1.952	1.694	0.446	0.276
0.300	1.693	0.796	−0.017	−1.965	1.694	0.446	0.292
0.340	1.657	0.796	−0.017	−1.970	1.694	0.446	0.308
0.360	1.490	0.826	−0.018	−1.957	1.694	0.446	0.318
0.400	1.390	0.835	−0.019	−1.937	1.694	0.446	0.324
0.440	1.153	0.864	−0.020	−1.905	1.694	0.446	0.331
0.500	0.804	0.930	−0.023	−1.911	1.694	0.446	0.337
0.600	0.365	0.982	−0.026	−1.828	1.694	0.446	0.339
0.700	0.011	1.063	−0.029	−1.890	1.694	0.446	0.340
0.800	−0.160	1.083	−0.030	−1.877	1.694	0.446	0.348
1.000	−0.606	1.164	−0.033	−1.896	1.694	0.446	0.345
1.200	−0.811	1.192	−0.034	−1.915	1.694	0.446	0.338
1.500	−1.204	1.249	−0.036	−1.923	1.694	0.446	0.334
1.700	−1.585	1.279	−0.037	−1.848	1.694	0.446	0.333
2.000	−1.792	1.298	−0.037	−1.848	1.694	0.446	0.329
2.400	−0.603	0.840	0.000	−1.840	1.694	0.446	0.322
3.000	−0.912	0.864	0.000	−1.841	1.694	0.446	0.306
4.000	−1.107	0.883	0.000	−1.873	1.694	0.446	0.307
5.000	−1.432	0.894	0.000	−1.821	1.694	0.446	0.324
6.000	−1.699	0.904	0.000	−1.780	1.694	0.446	0.328

表 4-4　甘宁青地区水平向基岩加速度反应谱衰减关系系数（短轴）

周期 T/s	C_1	C_2	C_3	C_4	C_5	C_6	$\sigma_{\lg S_a}$
PGA	−0.644	1.080	−0.043	−1.626	0.255	0.570	0.232
0.040	−0.005	0.884	−0.031	−1.515	0.255	0.570	0.225
0.050	0.016	0.872	−0.030	−1.475	0.255	0.570	0.226

续表

周期 T/s	C_1	C_2	C_3	C_4	C_5	C_6	$\sigma_{\lg S_a}$
0.070	0.477	0.757	−0.021	−1.501	0.255	0.570	0.226
0.100	0.941	0.674	−0.015	−1.540	0.255	0.570	0.231
0.120	0.870	0.695	−0.016	−1.509	0.255	0.570	0.251
0.140	0.894	0.691	−0.015	−1.513	0.255	0.570	0.258
0.160	0.878	0.699	−0.015	−1.511	0.255	0.570	0.253
0.180	0.680	0.745	−0.017	−1.524	0.255	0.570	0.259
0.200	0.603	0.748	−0.017	−1.475	0.255	0.570	0.268
0.240	0.484	0.758	−0.018	−1.433	0.255	0.570	0.269
0.260	0.447	0.768	−0.018	−1.438	0.255	0.570	0.276
0.300	0.484	0.749	−0.016	−1.448	0.255	0.570	0.292
0.340	0.442	0.750	−0.016	−1.452	0.255	0.570	0.308
0.360	0.284	0.780	−0.017	−1.442	0.255	0.570	0.318
0.400	0.197	0.789	−0.018	−1.428	0.255	0.570	0.324
0.440	−0.020	0.819	−0.019	−1.404	0.255	0.570	0.331
0.500	−0.374	0.885	−0.022	−1.408	0.255	0.570	0.337
0.600	−0.762	0.939	−0.025	−1.346	0.255	0.570	0.339
0.700	−1.153	1.017	−0.028	−1.392	0.255	0.570	0.340
0.800	−1.316	1.038	−0.029	−1.383	0.255	0.570	0.348
1.000	−1.773	1.118	−0.032	−1.396	0.255	0.570	0.345
1.200	−1.990	1.147	−0.033	−1.410	0.255	0.570	0.338
1.500	−2.390	1.204	−0.035	−1.416	0.255	0.570	0.334
1.700	−2.727	1.236	−0.036	−1.360	0.255	0.570	0.333
2.000	−2.935	1.255	−0.036	−1.361	0.255	0.570	0.329
2.400	−1.770	0.807	0.000	−1.355	0.255	0.570	0.322
3.000	−2.080	0.831	0.000	−1.355	0.255	0.570	0.306
4.000	−2.296	0.850	0.000	−1.379	0.255	0.570	0.307
5.000	−2.587	0.862	0.000	−1.340	0.255	0.570	0.324
6.000	−2.828	0.872	0.000	−1.309	0.255	0.570	0.328

第五节　地震危险性分析结果

　　由于乌兰县希里沟镇地震小区划范围约 37km²，合理地选取特征点进行地震危险性分析计算是地震危险性分析的一个主要环节。根据前面确定的潜在震源区和地震活动性参数，以及论证过的地震动衰减关系，采用中国地震局推荐的"考虑地震活动时不均匀性的地震安全性评价程序包 ESE"，在乌兰县希里沟镇地震小区划场地不同位置选取计算点进行地震危险性分析计算，计算结果差异并不大。本章给出4 个计算点进行地震危险性分析计算，各计算点的地理坐标见表 4-5，位置见图 4-6。

表 4-5　不同限年内不同超越概率相应的基岩水平加速度峰值（Gal）

计算控制点	地理坐标		50 年			1 年
	经度 /° E	纬度 /° N	63%	10%	2%	0.01%
计算点 1	98.4635	36.9420	34.0	113.8	214.4	319.1
计算点 2	98.4653	36.9190	33.7	112.1	211.6	316.0
计算点 3	98.4961	36.9426	34.4	116.5	219.6	325.8
计算点 4	98.4989	36.9204	34.2	115.2	217.5	323.6

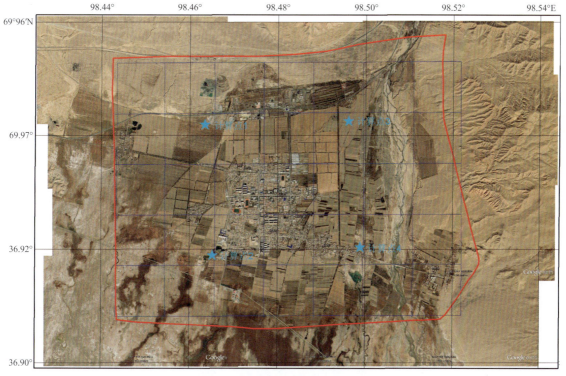

图 4-6　地震危险性分析计算点位置图

一、计算控制点计算结果

采用中国地震局推荐的"考虑地震活动时不均匀性的地震安全性评价程序包 ESE"，根据各潜源区的地震活动性参数和衰减关系，对区划场地各计算控制点进行了地震危险性分析计算，得到各计算点 50 年超越概率分别为 63%、10%、2% 和 1 年超越概率 10^{-4} 风险水平下的基岩水平加速度峰值（表 4-5）。

由于计算点地震危险性分析计算结果差异不大，主要影响潜在震源区亦无差异，因此取计算结果最大的"计算点 3"的结果为代表，各潜在震源区对场地基岩水平加速度峰值的危险性贡献如表 4-6，由表可知，在 50 年基准期，超越概率为 63%、10%、2% 的风险水平下，对场地基岩水平加速度峰值贡献较大的潜在震源区依次为：场地所在的 13 号鄂拉山潜在震源区和场地北部的 12 号阳康潜在震源区，其次为场地周边的几个 7.5 级潜源和东昆仑断裂带的 8 级潜源。

场地未来 1 年、50 年和 100 年不同超越概率值与加速度峰值的关系曲线如图 4-7 ～ 图 4-10。

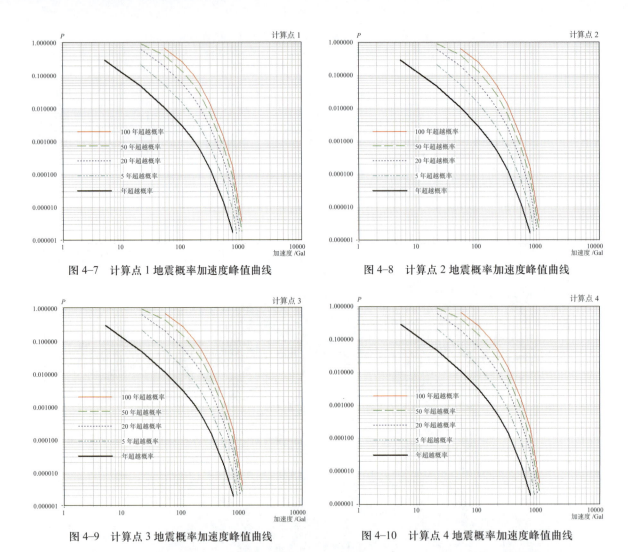

图 4-7　计算点 1 地震概率加速度峰值曲线　　　　图 4-8　计算点 2 地震概率加速度峰值曲线

图 4-9　计算点 3 地震概率加速度峰值曲线　　　　图 4-10　计算点 4 地震概率加速度峰值曲线

　　采用不同周期点基岩地震动峰值加速度的衰减关系，对各周期相关谱进行了地震危险性概率分析，得到场地 4 个计算点未来 50 年超越概率 63%、10% 和 2% 基岩水平加速度峰值，见表 4-7 ～ 表 4-10，相应的反应谱曲线见图 4-11 ～ 图 4-14。

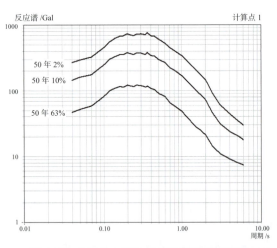

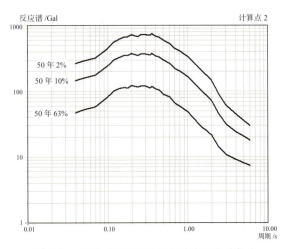

图 4-11　计算点 1 基岩水平加速度反应谱曲线　　　　图 4-12　计算点 2 基岩水平加速度反应谱曲线

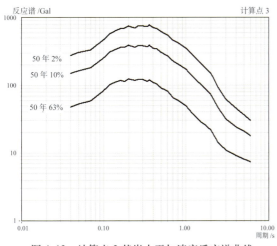

图 4-13 计算点 3 基岩水平加速度反应谱曲线

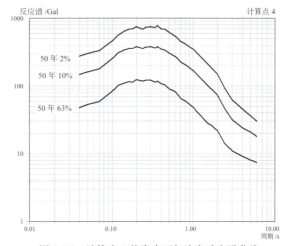

图 4-14 计算点 4 基岩水平加速度反应谱曲线

表 4-6 主要潜在震源区场址地震危险性的贡献

场点坐标：98.4961° 36.9426°

	5	20	50	100	150	200	300	500	700	1000
NO 13 E(NO/YR)	0.03779	0.00877	0.00272	0.00105	0.00043	0.00017	0.00001	0.00000	0.00000	0.00000
NO 12 E(NO/YR)	0.04374	0.00962	0.00312	0.00113	0.00035	0.00008	0.00000	0.00000	0.00000	0.00000
NO 15 E(NO/YR)	0.01565	0.00308	0.00064	0.00010	0.00001	0.00000	0.00000	0.00000	0.00000	0.00000
NO 9 E(NO/YR)	0.01475	0.00313	0.00061	0.00003	0.00000	0.00000	0.00000	0.00000	0.00000	0.00000
NO 14 E(NO/YR)	0.01308	0.00256	0.00066	0.00006	0.00000	0.00000	0.00000	0.00000	0.00000	0.00000
NO 4 E(NO/YR)	0.00703	0.00062	0.00000	0.00000	0.00000	0.00000	0.00000	0.00000	0.00000	0.00000
NO 10 E(NO/YR)	0.00660	0.00117	0.00017	0.00001	0.00000	0.00000	0.00000	0.00000	0.00000	0.00000
NO 21 E(NO/YR)	0.00529	0.00156	0.00000	0.00000	0.00000	0.00000	0.00000	0.00000	0.00000	0.00000
NO 20 E(NO/YR)	0.00528	0.00061	0.00000	0.00000	0.00000	0.00000	0.00000	0.00000	0.00000	0.00000
NO 11 E(NO/YR)	0.00519	0.00019	0.00000	0.00000	0.00000	0.00000	0.00000	0.00000	0.00000	0.00000
NO 1 E(NO/YR)	0.00379	0.00000	0.00000	0.00000	0.00000	0.00000	0.00000	0.00000	0.00000	0.00000
NO 5 E(NO/YR)	0.00320	0.00000	0.00000	0.00000	0.00000	0.00000	0.00000	0.00000	0.00000	0.00000
NO 19 E(NO/YR)	0.00313	0.00001	0.00000	0.00000	0.00000	0.00000	0.00000	0.00000	0.00000	0.00000
NO 18 E(NO/YR)	0.00282	0.00003	0.00000	0.00000	0.00000	0.00000	0.00000	0.00000	0.00000	0.00000
NO 2 E(NO/YR)	0.00276	0.00000	0.00000	0.00000	0.00000	0.00000	0.00000	0.00000	0.00000	0.00000
NO 6 E(NO/YR)	0.00250	0.00000	0.00000	0.00000	0.00000	0.00000	0.00000	0.00000	0.00000	0.00000
NO 17 E(NO/YR)	0.00223	0.00000	0.00000	0.00000	0.00000	0.00000	0.00000	0.00000	0.00000	0.00000
NO 7 E(NO/YR)	0.00220	0.00010	0.00000	0.00000	0.00000	0.00000	0.00000	0.00000	0.00000	0.00000
NO 16 E(NO/YR)	0.00053	0.00000	0.00000	0.00000	0.00000	0.00000	0.00000	0.00000	0.00000	0.00000
NO 8 E(NO/YR)	0.00033	0.00000	0.00000	0.00000	0.00000	0.00000	0.00000	0.00000	0.00000	0.00000
年超越概率	0.28600	0.04620	0.01060	0.00284	0.00111	0.00050	0.00013	0.00001	0.00000	0.00000
给定的危险水平	0.0400	0.0197	0.0099	0.0021	0.0015	0.0011	0.0005	0.0004	0.0002	0.0001
相应加速度 /Gal	22.0	34.4	52.6	116.5	135.1	154.1	205.2	219.6	271.3	325.8

表 4-7　计算点 1 不同年限不同超越概率的基岩峰值加速度（Gal）

周期 /s	50 年 /Gal			1 年 /Gal
	63%	10%	2%	0.01%
0.00	34.0	113.8	214.4	319.1
0.04	43.4	131.6	237.4	344.3
0.05	49.1	144.4	258.5	373.6
0.07	53.8	159.7	291.5	422.5
0.10	75.7	222.9	394.4	577.2
0.12	93.0	274.7	504.0	744.5
0.14	102.1	305.4	562.7	842.0
0.16	107.6	320.5	588.1	872.8
0.18	105.3	321.4	598.5	897.3
0.20	115.3	348.5	661.5	1013.2
0.24	110.1	328.2	613.9	930.5
0.26	114.9	346.2	659.8	1014.9
0.30	114.2	348.0	667.7	1033.0
0.34	107.1	332.5	646.9	1022.0
0.36	111.9	352.1	694.6	1099.7
0.40	102.9	322.4	631.0	1006.3
0.44	100.0	316.4	622.4	997.5
0.50	86.8	283.2	560.2	901.5
0.60	79.3	254.1	497.1	787.9
0.70	63.2	211.4	419.1	685.8
0.80	57.7	192.8	381.3	622.4
1.00	47.5	161.2	321.7	524.9
1.20	36.6	126.1	251.5	407.3
1.50	27.6	96.0	191.5	310.1
1.70	24.9	84.1	166.4	264.8
2.00	21.0	68.7	136.4	216.6
2.40	14.1	45.3	88.5	141.5
3.00	10.8	30.6	59.3	95.0
4.00	9.0	23.4	43.2	68.4
5.00	8.0	20.4	34.5	52.9
6.00	7.4	17.6	29.4	43.9

表 4-8 计算点 2 不同年限不同超越概率的基岩峰值加速度（Gal）

周期 /s	50 年 /Gal			1 年 /Gal
	63%	10%	2%	0.01%
0.00	33.6	112.1	211.6	316.0
0.04	43.1	129.8	234.6	341.4
0.05	48.7	142.3	255.2	370.2
0.07	53.4	157.7	287.5	417.9
0.10	75.1	220.1	389.6	571.5
0.12	92.3	271.0	497.5	736.8
0.14	101.4	302.0	555.8	832.6
0.16	106.8	316.8	580.9	863.6
0.18	104.7	317.8	591.3	888.3
0.20	114.7	344.7	653.5	1004.1
0.24	109.5	324.6	606.0	919.4
0.26	114.3	342.5	650.7	1002.5
0.30	113.6	344.4	659.3	1022.0
0.34	106.5	329.5	640.4	1013.2
0.36	111.3	348.5	685.7	1087.8
0.40	102.4	319.4	623.8	995.2
0.44	99.4	313.6	614.9	984.7
0.50	86.4	280.6	554.6	892.5
0.60	78.9	252.3	492.2	780.7
0.70	63.0	209.8	414.9	678.5
0.80	57.5	191.4	377.8	616.2
1.00	47.4	160.2	319.4	521.0
1.20	36.5	125.2	249.5	404.2
1.50	27.5	95.3	189.9	307.8
1.70	24.9	83.6	165.5	263.2
2.00	21.0	68.4	135.6	215.7
2.40	14.1	45.1	88.2	141.0
3.00	10.8	30.7	59.3	95.0
4.00	9.0	23.3	43.0	68.2
5.00	8.0	20.3	34.4	52.7
6.00	7.4	17.6	29.4	43.9

表 4-9　计算点 3 不同年限不同超越概率的基岩峰值加速度（Gal）

周期 /s	50 年 /Gal			1 年 /Gal
	63%	10%	2%	0.01%
0.00	34.4	116.5	219.6	325.8
0.04	44.0	134.8	243.0	351.0
0.05	49.6	147.7	264.9	381.3
0.07	54.4	163.3	299.4	432.2
0.10	76.7	227.6	403.6	589.6
0.12	94.1	280.4	514.2	759.5
0.14	103.2	311.3	575.6	860.6
0.16	108.8	326.6	601.3	892.1
0.18	106.3	327.4	612.3	918.2
0.20	116.4	354.7	676.2	1032.5
0.24	111.1	333.7	627.3	951.5
0.26	115.9	351.9	673.9	1034.4
0.30	115.2	353.7	682.0	1060.0
0.34	107.9	337.8	660.8	1043.6
0.36	112.7	357.6	708.6	1120.0
0.40	103.7	327.3	644.5	1029.5
0.44	100.6	320.7	634.7	1019.8
0.50	87.4	287.4	571.1	921.2
0.60	79.7	257.4	505.5	802.1
0.70	63.6	214.1	427.1	701.1
0.80	58.0	195.2	388.2	635.9
1.00	47.8	162.9	326.6	534.5
1.20	36.8	127.6	255.8	415.5
1.50	27.7	97.2	194.8	316.0
1.70	25.0	85.0	168.8	269.5
2.00	21.1	69.3	138.2	219.9
2.40	14.2	45.6	89.4	143.3
3.00	10.8	30.9	60.0	96.6
4.00	9.0	23.6	44.0	69.8
5.00	8.0	20.5	34.8	53.5
6.00	7.4	17.7	29.6	44.5

表 4-10 计算点 4 不同年限不同超越概率的基岩峰值加速度（Gal）

周期 /s	50 年 /Gal			1 年 /Gal
	63%	10%	2%	0.01%
0.00	34.1	115.1	217.5	323.6
0.04	43.7	133.1	240.4	348.2
0.05	49.4	146.1	262.4	379.1
0.07	54.1	161.5	296.1	428.8
0.10	76.2	225.2	399.6	584.9
0.12	93.5	277.5	509.9	754.3
0.14	102.6	308.3	570.1	854.0
0.16	108.1	323.6	595.9	886.0
0.18	105.7	324.5	606.7	911.4
0.20	115.9	351.4	669.3	1025.0
0.24	110.6	330.9	621.8	944.6
0.26	115.3	348.8	667.0	1025.7
0.30	114.6	350.8	675.9	1060.0
0.34	107.4	335.4	655.9	1037.8
0.36	112.3	354.9	703.1	1120.0
0.40	103.2	324.6	638.0	1019.6
0.44	100.2	318.6	629.6	1011.9
0.50	87.1	285.2	566.4	914.0
0.60	79.4	255.6	501.7	796.3
0.70	63.3	212.6	423.5	695.2
0.80	57.8	194.0	385.3	631.1
1.00	47.7	162.3	325.3	532.5
1.20	36.7	126.9	254.3	413.3
1.50	27.6	96.7	193.7	314.7
1.70	25.1	84.7	168.3	268.8
2.00	21.0	69.1	137.7	219.5
2.40	14.1	45.6	89.4	143.2
3.00	10.8	30.9	60.0	96.6
4.00	9.0	23.5	43.8	69.7
5.00	8.0	20.4	34.8	53.5
6.00	7.4	17.7	29.7	44.6

　　本节所得到的乌兰县小区划场地的地震危险性分析结果，其基岩加速度峰值和反应谱值，可以作为相应场地为基岩场地建筑物抗震验算的依据，也可以作为场地地震动力反应分析的输入参数。由于场地范围内不同计算点的结果差异不大，因此在进行土层反应分析时，以基岩地震危险性分析结果的最大值（计算点 3 的结果）作为基岩地震动的输入参数。

第五章　场地地震工程地质条件

第一节　场地概况

乌兰县希里沟镇地震小区划范围（即工程场地）位于柴达木盆地北缘东端，北面为欧龙布鲁克台隆山地，南面为柴达木盆地北缘残山断褶带山地，东面为鄂拉山断褶带山地。工程场地范围根据乌兰县城市发展规划和防震减灾的需要，建设范围约 37km² （图 5-1）。项目区西起赛什克农场，东至东山山根，南起天然气输送管道，北至红土山根，东西长约 7.2km，南北长约 5.4km。地形呈东高西低、北高南低状，地面绝对高程为 2897 ～ 2966m，相对高差为 69m。

场地地震工程地质条件包括场地地形、地貌、地层岩性、土动力学特性及场地稳定性等。为此，我们在收集、分析相关地质、地震等资料和现场调查的基础上，先后在场地开展了场地钻探、波速测试、地脉动测试、动三轴试验等工作。

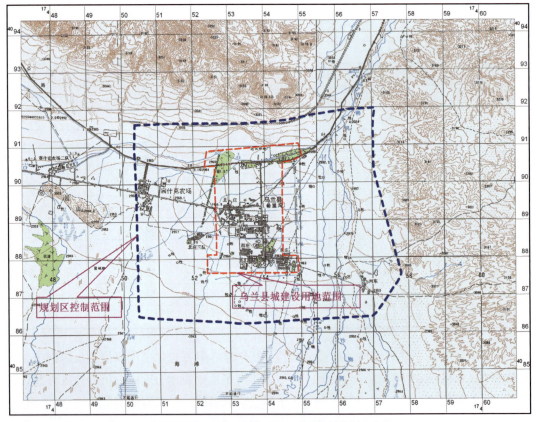

图 5-1　乌兰县希里沟镇地震小区划场地范围示意图

第二节　地形地貌

乌兰县希里沟镇地震小区划范围及其周边地形相对较为复杂，希里沟镇所在的乌兰盆地三面环山，北面为欧龙布鲁克台隆山地，南面为柴达木盆地北缘残山断褶带山地，东面为鄂拉山断褶带山地，山前新生代的泥岩、砾石层发育，形成多级高耸的陡坎地貌，区内河流众多，山前沟口多发育有洪积扇，其中，乌兰县希里沟镇即位于沙柳河的河口洪积扇上，见图5-2。乌兰盆地内由于多条河流及都兰湖的存在使得盆地内湿地发育。盆地北高南低，除靠近北部的红土山根、东部的鄂拉山山前坡度较陡及盆地内存在的小圆山（山名）外，盆地内地形一般比较平缓。

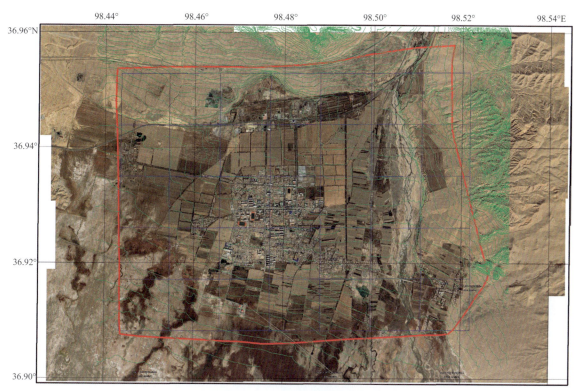

图 5-2　乌兰县地形地貌图

第三节　第四纪沉积环境特征

乌兰县及邻区自古元古代以来漫长的地质演化历史中，经历了多期强烈的造山运动，海陆变迁频繁，在喜山期挤压变形极为强烈。乌兰盆地地处柴达木盆地北缘东端，是位于柴达木盆地北缘残山断褶带、鄂拉山断褶带与欧龙布鲁克台隆间的次级断陷盆地。

根据乌兰县希里沟镇地震小区划工程场地内勘察钻探结果及收集的钻孔资料，并结合其他有关地质、物探、钻探结果和岩土工程地质勘察资料，现对该区新生代以来的地层结构自上而下叙述如下。

乌兰地区地层单元可划分为基岩山区以及山间盆地两个沉积单元，山间盆地沉积区主要为冲积相及河湖相沉积，山前地带堆积有坡积物。其中冲积层主要分布在山前洪积扇体区域。

1.前第四系地层

震旦系：近场区内分布面积很少，仅见于阿母尼可山和赛什克村附近的小圆山一带。

寒武—奥陶系：近场区内主要分布在老虎口断裂北部的山区地带，由一套浅—中深变质岩组成。

奥陶—志留系：近场区内主要分布在义义山、尕秀雅平以东、阿移顶一带。

泥盆系：近场区西南有一小片出露，为牦牛山泥盆系向东的延伸部分。

石炭系：广泛出露在霍德生断裂与鄂拉山断裂连线以北的天峻山一带。

第三系：近场区内较为发育，主要分布在乌兰盆地的北部、东部及场区西南的下义义山一带，属上第三系。

2.第四系（Q）

近场区内第四系广泛分布，约占全区面积的1/3，有陆相和湖相沉积两种。

（1）上更新统（Qp_3^{al+pl}）

分布于阿汗达来寺、阿干大里山南坡及阿移顶西南坡。为一套冲—洪积相的砂砾、角砾层构成，上覆亚砂土，分选差，不显层理。形成山前微倾斜平原，组成Ⅲ～Ⅳ级阶地。

（2）全新统（Qh）

①湖积：包括冲积加湖积（Qh^{al+l}）和湖积（Qh^l）。前者主要由冲积砂砾、砂、淤泥组成，含少量食盐、芒硝、石膏等。后者主要由细砂、淤泥、砂质黏土、食盐、芒硝、石膏组成。

②冲积（Qh^{al}）：包括都兰湖周围广布的冲积平原区和所有河谷地带。组成Ⅰ级、Ⅱ级阶地。由未经固结的灰黄、土黄色砾石层、砂砾石层组成，上覆黄褐色亚砂土，成层性不佳，砾径大小不等，分选差。

③风积砂丘（Qh^{eol}）：主要分布于河东村东的丘陵地区。砂丘由中—细粒石英、长石及少量云母组成，形成ＮＷ—SE向的土垅岗和新月形砂丘。

第四节　第四纪覆盖层分布特征

一、浅层地震勘探

为了查明乌兰地区断层分布情况以及第四纪覆盖层分布特征，青海省地震局工程地震研究院在该地区横跨乌兰盆地布设了1条20km长近南北向浅层地震测线（LW1）（图5-3）。

图3-15a、图3-15b分别是LW1测线的变密度时间剖面图和地质综合解释剖面图，从图中可以看出测线很好地勾勒出了乌兰盆地的地层形态。盆地南北两侧第四纪覆盖层较薄，也较为稳定，到盆地中心第四纪覆盖层厚度逐渐增大，都兰湖一带为沉降中心。乌兰盆地新生代地层较厚，最大厚度近千米。

二、钻孔联合剖面

根据项目施工方案，乌兰县希里沟镇地震小区划工程场地的面积为37km²；另根据《工程场地地震安全性评价》（GB 17741—2005）的技术要求，场地地震工程地质条件勘察钻孔每平方千米不少于1个，钻孔终孔深度不小于剪切波速500m/s。按照上述要求，考虑到小区划场地范围近于四边形，形状比较规则，以及场地施工条件等因素，本次工程地质勘察钻孔共布设37个（图5-4），满足技术规范要求，同时钻孔分布也比较均匀，能够很好地揭示场地覆盖层分布情况。

图例 ⬡ 小区划范围　▱ Fm 推测断裂及编号　▱ Lw 测线及编号

图 5-3　乌兰盆地浅层地震测线位置及主要目标断层分布示意图

　　为了更好地揭示地层在空间上的分布情况，完成了钻孔联合剖面，剖面位置见图 5-4，钻孔联合剖面图见图 5-4～图 5-9，从而为场地工程地质单元分区奠定基础。

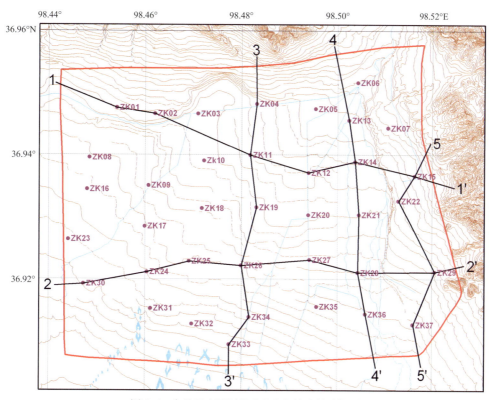

图 5-4　乌兰县小区划钻孔分布和钻孔剖面位置图

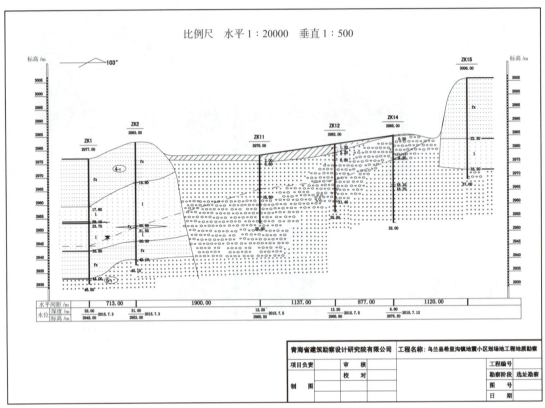

图 5-5　1-1′工程地质剖面图

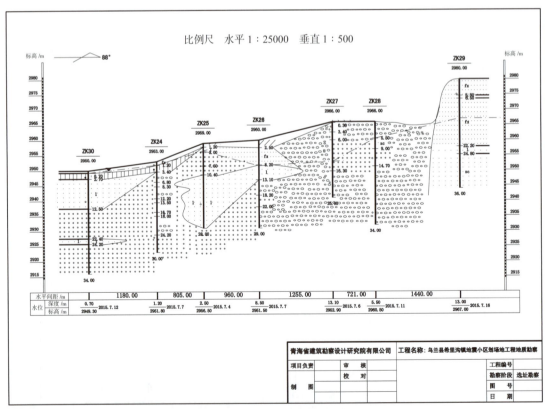

图 5-6　2-2′工程地质剖面图

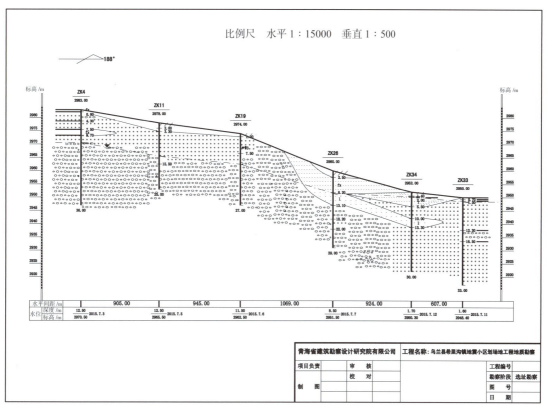

图 5-7　3-3′工程地质剖面图

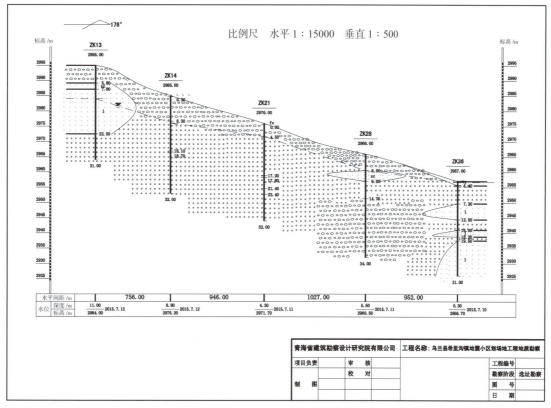

图 5-8　4-4′工程地质剖面图

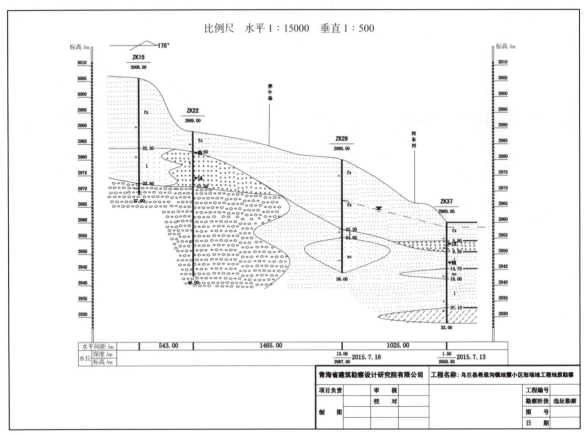

图 5-9　5-5′ 工程地质剖面图

第五节　工程地质单元分区

一、分区原则

　　乌兰县地震小区划工程地质分区是按照"区内相似，区际相异"的原则，在 1：1 万地形图、1：5 万地形图、Google earth 遥感影像图解译的基础上，通过实地考察场地地形地貌、地层分布、河流阶地发育情况等进行工程地质单元划分的。

二、分区依据

　　根据上述分区原则，工程场地范围内可分为 4 个工程地质单元（图 5-10），即北部山前风积堆积区（Ⅰ区），冲洪积平原区（Ⅱ区），河床、高漫滩区（Ⅲ区），东部山前风积堆积区（Ⅳ区）。

　　北部山前风积堆积区（Ⅰ区）：该区位于国道 109 线以北阿干大里山的山前，海拔在 2900～2950m 之间，地形以 1% 的平均坡降向南倾斜。该区第四系覆盖层未揭穿，地下水埋深 31.0～32.0m，上部地层为全新统粉细砂层，厚度约 16m；下部为下更新统砾砂、圆砾等，钻孔最大深度 46m。该区大体上呈 EW 向带状分布，东西长约 5.5km，南北最宽约 1.2km。

　　冲洪积平原区（Ⅱ区）：该区位于场地中西部，乌兰县政府所在地希里沟镇位于该区，为场地内最大

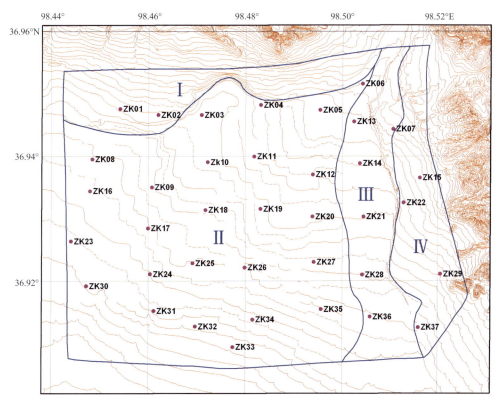

图 5-10　乌兰县工程场地范围工程地质单元划分图

地质单元分区，面积约占总面积的 65%。海拔在 2950～3000m，地形由北向南缓慢倾斜。根据钻孔资料揭示，该区上部有较薄的杂填土和黄土状土，下部为冲洪积相的卵石层、砂砾层、圆砾层等，局部夹有粉细砂层、中粗砂层等，具有二元结构。地下水埋深较浅，大约在 0.7～13.2m。

河床、高漫滩区（Ⅲ区）：该区位于都兰河两岸，河水自北向南穿过希里沟镇东侧，注入都兰湖。为南北向条带状展布，与河流走向一致，南北长约 5.5km，东西宽约 0.7km。该区主要由都兰河的河床和高漫滩构成。根据钻孔资料揭示，地层自上而下主要有冲洪积相的卵石层、砂砾层、圆砾层等，局部夹有粉细砂层、中粗砂层等。地下水埋深约在 0.3～11m。

东部山前风积堆积区（Ⅳ区）：该区位于场地东部阿移顶山的山前，地形由东向西倾斜。为南北向条带状展布，南北长约 5.5km，东西宽约 0.6km。根据钻孔资料揭示，地层上部具有较厚的粉细砂层，厚度约在 6～22m，下部为砾砂、圆砾、卵石，局部夹有中粗砂、粉土等。地下水埋深变化较大，南部1.5m 见地下水，而北部钻孔最深 46m 未揭露地下水。

乌兰小区划工程场地地层主要为：①填土层；②黄土状土；③粉细砂；④圆砾；⑤砂砾；⑥卵石等。现分别对 Ⅰ～Ⅳ区地层岩性予以介绍。

1. 北部山前风积堆积区（Ⅰ区）

钻孔揭露地层自上而下为：粉细砂、砾砂、圆砾，局部夹杂中粗砂等。

粉细砂：黄褐色，稍湿，稍密，矿物成分以石英、长石为主，含少量云母，粒径大于 0.075mm 的颗粒占总重的 83.3%～98.1% 以上，含少量砾石、中粗砂及零星卵石，砂质较纯净、均匀，无层理。埋深14.8m。

砾砂：黄褐色，稍湿，中密，矿物成分以石英、长石为主，含少量云母，粒径大于 2mm 的颗粒占总重的 30.7% ～ 48%，局部含少量卵石及粉细砂薄层，砂质较纯净、均匀，无层理。层厚 15.8m，埋深 14.8 ～ 30.6m。

粉细砂：黄褐色，稍湿，稍密，矿物成分以石英、长石为主，含少量云母，粒径大于 0.075mm 的颗粒占总重的 83.3% ～ 98.1% 以上，含少量砾石、中粗砂及零星卵石，砂质较纯净、均匀，无层理。层厚 0.9m，埋深 30.6 ～ 31.5m。

砾砂：黄褐色，稍湿，中密，矿物成分以石英、长石为主，含少量云母，粒径大于 2mm 的颗粒占总重的 30.7% ～ 48%，局部含少量卵石及粉细砂薄层，砂质较纯净、均匀，无层理。层厚 4.8m，埋深 31.5 ～ 36.3m。

粉细砂：黄褐色，稍湿，稍密，矿物成分以石英、长石为主，含少量云母，粒径大于 0.075mm 的颗粒占总重的 83.3% ～ 98.1% 以上，含少量砾石、中粗砂及零星卵石，砂质较纯净、均匀，无层理。层厚 6.8m，埋深 36.3 ～ 43.1m。

圆砾（Qh^{pl}）：杂色，稍湿，中密，矿物成分以石英岩、花岗片麻岩岩为主，圆砾含量约占总重的 50.4% ～ 64.1%，一般粒径 2 ～ 20mm，最大粒径 40mm，含少量卵石，磨圆度较好，以亚圆形为主，骨架颗粒呈交错排列，大部分接触，其间由各级砂类土充填，充填物约占 35.9% ～ 49.6%。层厚 2.0m，埋深 43.1 ～ 45.1m。

2. 冲洪积平原区（Ⅱ区）

原始地表为一定厚度的黄土状土以及后期人工活动形成的杂填土，下伏河流相堆积物。钻孔揭露地层自上而下为：杂填土、黄土状土、卵石、砾砂、圆砾、卵石，局部夹杂粉细砂等。

杂填土：杂色，稍湿，以粉土为主，含有建筑和生活垃圾，土质杂乱不均，结构松散。

黄土状土：黄褐色—浅黄色，稍湿，主要成分为粉粒，含有少量的粉细砂颗粒及云母碎片、少量的植物根，土质均一，具孔隙，摇振反应中等，无光泽，干强度低、韧性差。

粉细砂：黄褐色，稍湿，稍密，矿物成分以石英、长石为主，含少量云母，粒径大于 0.075mm 的颗粒占总重的 83.3% ～ 98.1% 以上，含少量砾石、中粗砂及零星卵石，砂质较纯净、均匀，无层理。

卵石：杂色，稍湿，中密—密实，母岩成分以石英岩、花岗岩为主，卵石含量约占总重的 51.3% ～ 64.9%，一般粒径 20 ～ 50mm，最大粒径 150mm，含少量漂石，磨圆度较好，以亚圆形为主，骨架颗粒呈交错排列，大部分接触，其间由各级砂类土充填，充填物约占 35.1% ～ 49.7%，级配良好，分选性差。

圆砾：杂色，稍湿，中密，矿物成分以石英岩、花岗片麻岩岩为主，圆砾含量约占总重的 50.4% ～ 64.1%，一般粒径 2 ～ 20mm，最大粒径 40mm，含少量卵石，磨圆度较好，以亚圆形为主，骨架颗粒呈交错排列，大部分接触，其间由各级砂类土充填，充填物约占 35.9% ～ 49.6%。

砾砂：黄褐色，稍湿，中密，矿物成分以石英、长石为主，含少量云母，粒径大于 2mm 的颗粒占总重的 30.7% ～ 48%，局部含少量卵石及粉细砂薄层，砂质较纯净、均匀，无层理。层厚 4.8m，埋深 31.5 ～ 36.3m。

粉细砂：黄褐色，稍湿，稍密，矿物成分以石英、长石为主，含少量云母，粒径大于 0.075mm 的颗粒占总重的 83.3% ～ 98.1% 以上，含少量砾石、中粗砂及零星卵石，砂质较纯净、均匀，无层理。

卵石：杂色，稍湿，中密—密实，母岩成分以石英岩、花岗岩为主，卵石含量约占总重的 51.3% ～ 64.9%，一般粒径 20 ～ 50mm，最大粒径 150mm，含少量漂石，磨圆度较好，以亚圆形为主，骨架颗粒呈交错排列，大部分接触，其间由各级砂类土充填，充填物约占 35.1% ～ 49.7%，级配良好，分选性差。

3. 河床、高漫滩区（Ⅲ区）

钻孔揭露地层自上而下为：卵石、砾砂、圆砾、卵石，局部夹杂粉细砂、中粗砂等。

卵石：杂色，稍湿，中密—密实，母岩成分以石英岩、花岗岩为主，卵石含量约占总重的51.3%～64.9%，一般粒径20～50mm，最大粒径150mm，含少量漂石，磨圆度较好，以亚圆形为主，骨架颗粒呈交错排列，大部分接触，其间由各级砂类土充填，充填物约占35.1%～49.7%，级配良好，分选性差。层厚5.5m，埋深0～5.5m。

砾砂：黄褐色，稍湿，中密，矿物成分以石英、长石为主，含少量云母，粒径大于2mm的颗粒占总重的30.7%～48%，局部含少量卵石及粉细砂薄层，砂质较纯净、均匀，无层理。层厚6.7m，埋深5.5～12.2m。

卵石：杂色，稍湿，中密—密实，母岩成分以石英岩、花岗岩为主，卵石含量约占总重的51.3%～64.9%，一般粒径20～50mm，最大粒径150mm，含少量漂石，磨圆度较好，以亚圆形为主，骨架颗粒呈交错排列，大部分接触，其间由各级砂类土充填，充填物约占35.1%～49.7%，级配良好，分选性差。层厚23.8m，埋深12.2～36m。

粉细砂：黄褐色，稍湿，稍密，矿物成分以石英、长石为主，含少量云母，粒径大于0.075mm的颗粒占总重的83.3%～98.1%以上，含少量砾石、中粗砂及零星卵石，砂质较纯净、均匀，无层理。层厚2m，埋深36～38m。

圆砾：杂色，稍湿，中密，矿物成分以石英岩、花岗片麻岩岩为主，圆砾含量约占总重的50.4%～64.1%，一般粒径2～20mm，最大粒径40mm，含少量卵石，磨圆度较好，以亚圆形为主，骨架颗粒呈交错排列，大部分接触，其间由各级砂类土充填，充填物约占35.9%～49.6%。

卵石：杂色，稍湿，中密—密实，母岩成分以石英岩、花岗岩为主，卵石含量约占总重的51.3%～64.9%，一般粒径20～50mm，最大粒径150mm，含少量漂石，磨圆度较好，以亚圆形为主，骨架颗粒呈交错排列，大部分接触，其间由各级砂类土充填，充填物约占35.1%～49.7%，级配良好，分选性差。层厚3m，埋深38～41m。

4. 东部山前风积堆积区（Ⅳ区）

钻孔揭露地层自上而下为：粉细砂、砾砂、圆砾、卵石，局部夹杂中粗砂、粉土等。

粉细砂：黄褐色，稍湿，稍密，矿物成分以石英、长石为主，含少量云母，粒径大于0.075mm的颗粒占总重的83.3%～98.1%以上，含少量砾石、中粗砂及零星卵石，砂质较纯净、均匀，无层理。层厚22.3m，埋深0～22.3m。

砾砂：黄褐色，稍湿，中密，矿物成分以石英、长石为主，含少量云母，粒径大于2mm的颗粒占总重的30.7%～48%，局部含少量卵石及粉细砂薄层，砂质较纯净、均匀，无层理。层厚11.2m，埋深22.3～33.5m。

圆砾：杂色，稍湿，中密，矿物成分以石英岩、花岗片麻岩岩为主，圆砾含量约占总重的50.4%～64.1%，一般粒径2～20mm，最大粒径40mm，含少量卵石，磨圆度较好，以亚圆形为主，骨架颗粒呈交错排列，大部分接触，其间由各级砂类土充填，充填物约占35.9%～49.6%。

中粗砂：黄褐色，稍湿，中密，矿物成分以石英、长石为主，含少量云母，局部含有卵石，粒径大于0.5mm的颗粒占总重的51%～56.1%以上，含粉细砂及砾石，砂质较纯净、均匀，无层理。

卵石：杂色，稍湿，中密—密实，母岩成分以石英岩、花岗岩为主，卵石含量约占总重的51.3%～64.9%，一般粒径20～50mm，最大粒径150mm，含少量漂石，磨圆度较好，以亚圆形为主，骨架颗粒呈交错排列，大部分接触，其间由各级砂类土充填，充填物约占 35.1% ~ 49.7%，级配良好，分选性差。层厚 3.5m，埋深 33.5 ~ 37.0m。

第六节　工程场地土层剪切波速测试

剪切波速原位测试是判定场地土类型、确定覆盖层厚度、划分场地类别和评价场地条件不可缺少的工作。乌兰县地震小区划场地钻孔剪切波速测试由青海省地震局工程地震研究院完成，获得钻孔波速数据 37 组。

一、剪切波速测试结果

场地钻孔的剪切波速测试采用单孔法，表5-1 ~ 表5-37 为场地钻孔剪切波速实测结果。

表 5-1　ZK01 钻孔剪切波速实测结果

测试深度 /m	剪切波速 /（m/s）	测试深度 /m	剪切波速 /（m/s）	测试深度 /m	剪切波速 /（m/s）
2	169	18	249	34	366
4	194	20	251	36	397
6	182	22	264	38	409
8	199	24	279	40	453
10	209	26	283	42	529
12	223	28	307	44	537
14	214	30	331		
16	226	32	346		

表 5-2　ZK02 钻孔剪切波速实测结果

测试深度 /m	剪切波速 /（m/s）	测试深度 /m	剪切波速 /（m/s）	测试深度 /m	剪切波速 /（m/s）
2	159	18	257	34	357
4	194	20	243	36	386
6	186	22	267	38	392
8	198	24	283	40	412
10	206	26	281	42	479
12	204	28	296	44	519
14	227	30	311		
16	246	32	329		

表 5-3　ZK03 钻孔剪切波速实测结果

测试深度 /m	剪切波速 /（m/s）	测试深度 /m	剪切波速 /（m/s）	测试深度 /m	剪切波速 /（m/s）
2	197	12	220	22	309
4	231	14	229	24	398
6	215	16	235	26	497
8	214	18	269	28	541
10	227	20	284		

表 5-4　ZK04 钻孔剪切波速实测结果

测试深度 /m	剪切波速 /(m/s)	测试深度 /m	剪切波速 /(m/s)	测试深度 /m	剪切波速 /(m/s)
2	198	14	294	26	482
4	231	16	290	30	508
6	225	18	334	32	554
8	228	20	397	34	572
10	234	22	390		
12	267	24	411		

表 5-5　ZK05 钻孔剪切波速实测结果

测试深度 /m	剪切波速 /(m/s)	测试深度 /m	剪切波速 /(m/s)	测试深度 /m	剪切波速 /(m/s)
2	201	12	267	22	437
4	228	14	302	24	489
6	237	16	347	26	519
8	230	18	398	28	550
10	241	20	402	30	572

表 5-6　ZK06 钻孔剪切波速实测结果

测试深度 /m	剪切波速 /(m/s)	测试深度 /m	剪切波速 /(m/s)	测试深度 /m	剪切波速 /(m/s)
2	186	10	269	18	458
4	209	12	305	20	503
6	217	14	367	22	562
8	234	16	419		

表 5-7　ZK07 钻孔剪切波速实测结果

测试深度 /m	剪切波速 /(m/s)	测试深度 /m	剪切波速 /(m/s)	测试深度 /m	剪切波速 /(m/s)
2	197	14	234	26	462
4	231	16	281	28	508
6	229	18	307	30	543
8	215	20	348	32	561
10	214	22	394	34	586
12	219	24	415		

表 5-8　ZK08 钻孔剪切波速实测结果

测试深度 /m	剪切波速 /(m/s)	测试深度 /m	剪切波速 /(m/s)	测试深度 /m	剪切波速 /(m/s)
2	171	12	206	22	334
4	163	14	212	24	368
6	188	16	237	26	419
8	196	18	283	28	487
10	209	20	291	30	536

表 5-9　ZK09 钻孔剪切波速实测结果

测试深度 /m	剪切波速 /（m/s）	测试深度 /m	剪切波速 /（m/s）	测试深度 /m	剪切波速 /（m/s）
2	182	10	217	18	236
4	188	12	234	20	259
6	206	14	229	塌孔	
8	209	16	243		

表 5-10　ZK10 钻孔剪切波速实测结果

测试深度 /m	剪切波速 /（m/s）	测试深度 /m	剪切波速 /（m/s）	测试深度 /m	剪切波速 /（m/s）
2	157	12	219	22	392
4	182	14	227	24	436
6	201	16	285	26	491
8	197	18	312	28	526
10	215	20	339	30	558

表 5-11　ZK11 钻孔剪切波速实测结果

测试深度 /m	剪切波速 /（m/s）	测试深度 /m	剪切波速 /（m/s）	测试深度 /m	剪切波速 /（m/s）
2	185	10	232	18	364
4	209	12	249	20	430
6	201	14	238	22	507
8	214	16	287	24	562

表 5-12　ZK12 钻孔剪切波速实测结果

测试深度 /m	剪切波速 /（m/s）	测试深度 /m	剪切波速 /（m/s）	测试深度 /m	剪切波速 /（m/s）
2	163	10	264	18	273
4	179	12	251	20	332
6	198	14	241	22	412
8	220	16	259	24	509

表 5-13　ZK13 钻孔剪切波速实测结果

测试深度 /m	剪切波速 /（m/s）	测试深度 /m	剪切波速 /（m/s）	测试深度 /m	剪切波速 /（m/s）
2	193	12	261	22	301
4	221	14	237	24	345
6	205	16	246	26	391
8	201	18	267	28	476
10	224	20	291	30	528

表 5-14 ZK14 钻孔剪切波速实测结果

测试深度 /m	剪切波速 /(m/s)	测试深度 /m	剪切波速 /(m/s)	测试深度 /m	剪切波速 /(m/s)
2	196	12	259	22	417
4	234	14	286	24	458
6	269	16	291	26	503
8	256	18	347	28	531
10	247	20	368	30	552

表 5-15 ZK15 钻孔剪切波速实测结果

测试深度 /m	剪切波速 /(m/s)	测试深度 /m	剪切波速 /(m/s)	测试深度 /m	剪切波速 /(m/s)
2	161	14	237	26	306
4	179	16	247	28	339
6	193	18	244	30	396
8	208	20	251	32	452
10	216	22	248	34	510
12	231	24	275	36	562

表 5-16 ZK16 钻孔剪切波速实测结果

测试深度 /m	剪切波速 /(m/s)	测试深度 /m	剪切波速 /(m/s)	测试深度 /m	剪切波速 /(m/s)
2	197	12	238	22	298
4	221	14	249	24	345
6	214	16	263	26	405
8	212	18	253	28	481
10	229	20	269	29	517

表 5-17 ZK17 钻孔剪切波速实测结果

测试深度 /m	剪切波速 /(m/s)	测试深度 /m	剪切波速 /(m/s)	测试深度 /m	剪切波速 /(m/s)
2	153	10	230	18	351
4	197	12	327	20	453
6	215	14	258	22	507
8	223	16	293	24	571

表 5-18 ZK18 钻孔剪切波速实测结果

测试深度 /m	剪切波速 /(m/s)	测试深度 /m	剪切波速 /(m/s)	测试深度 /m	剪切波速 /(m/s)
2	185	12	248	22	467
4	195	14	280	24	516
6	230	16	297	26	573
8	224	18	324		
10	229	20	395		

表 5-19　ZK19 钻孔剪切波速实测结果

测试深度 /m	剪切波速 /（m/s）	测试深度 /m	剪切波速 /（m/s）	测试深度 /m	剪切波速 /（m/s）
2	182	12	258	22	384
4	199	14	278	24	473
6	209	16	273	26	529
8	230	18	297		
10	269	20	315		

表 5-20　ZK20 钻孔剪切波速实测结果

测试深度 /m	剪切波速 /（m/s）	测试深度 /m	剪切波速 /（m/s）	测试深度 /m	剪切波速 /（m/s）
2	196	12	245	22	450
4	213	14	261	24	509
6	206	16	278	26	564
8	237	18	313		
10	243	20	381		

表 5-21　ZK21 钻孔剪切波速实测结果

测试深度 /m	剪切波速 /（m/s）	测试深度 /m	剪切波速 /（m/s）	测试深度 /m	剪切波速 /（m/s）
2	191	12	238	22	321
4	213	14	254	24	359
6	210	16	243	26	392
8	223	18	261	28	468
10	226	20	273	30	521

表 5-22　ZK22 钻孔剪切波速实测结果

测试深度 /m	剪切波速 /（m/s）	测试深度 /m	剪切波速 /（m/s）	测试深度 /m	剪切波速 /（m/s）
2	161	18	232	34	504
4	198	20	261	36	527
6	185	22	307	38	564
8	203	24	367	40	583
10	211	26	354	42	607
12	220	28	402	44	674
14	238	30	465		
16	246	32	489		

表 5-23　ZK23 钻孔剪切波速实测结果

测试深度 /m	剪切波速 /（m/s）	测试深度 /m	剪切波速 /（m/s）	测试深度 /m	剪切波速 /（m/s）
2	172	12	234	22	327
4	165	14	257	24	415
6	197	16	264	26	473
8	205	18	259	28	514
10	221	20	283	30	539

表 5-24 ZK24 钻孔剪切波速实测结果

测试深度 /m	剪切波速 / (m/s)	测试深度 /m	剪切波速 / (m/s)	测试深度 /m	剪切波速 / (m/s)
2	162	12	257	22	367
4	179	14	252	24	425
6	215	16	284	26	485
8	247	18	279	28	532
10	231	20	302		

表 5-25 ZK25 钻孔剪切波速实测结果

测试深度 /m	剪切波速 / (m/s)	测试深度 /m	剪切波速 / (m/s)	测试深度 /m	剪切波速 / (m/s)
2	183	12	234	22	296
4	185	14	236	24	337
6	197	16	251	26	392
8	210	18	287	28	503
10	241	20	259		

表 5-26 ZK26 钻孔剪切波速实测结果

测试深度 /m	剪切波速 / (m/s)	测试深度 /m	剪切波速 / (m/s)	测试深度 /m	剪切波速 / (m/s)
2	194	12	221	22	326
4	186	14	237	24	470
6	191	16	268	26	517
8	203	18	290	28	571
10	216	20	297		

表 5-27 ZK27 钻孔剪切波速实测结果

测试深度 /m	剪切波速 / (m/s)	测试深度 /m	剪切波速 / (m/s)	测试深度 /m	剪切波速 / (m/s)
2	189	10	242	18	320
4	201	12	259	20	391
6	235	14	284	22	472
8	234	16	297	24	531

表 5-28 ZK28 钻孔剪切波速实测结果

测试深度 /m	剪切波速 / (m/s)	测试深度 /m	剪切波速 / (m/s)	测试深度 /m	剪切波速 / (m/s)
2	206	14	256	26	489
4	219	16	285	28	521
6	207	18	293	30	565
8	213	20	324	32	583
10	221	22	372		
12	240	24	424		

表 5-29　ZK29 钻孔剪切波速实测结果

测试深度 /m	剪切波速 /(m/s)	测试深度 /m	剪切波速 /(m/s)	测试深度 /m	剪切波速 /(m/s)
2	162	14	215	26	321
4	179	16	213	28	389
6	197	18	219	30	434
8	194	20	223	32	489
10	205	22	235	34	513
12	203	24	261		

表 5-30　ZK30 钻孔剪切波速实测结果

测试深度 /m	剪切波速 /(m/s)	测试深度 /m	剪切波速 /(m/s)	测试深度 /m	剪切波速 /(m/s)
2	172	14	251	26	310
4	206	16	243	28	381
6	211	18	252	30	454
8	234	20	268	32	514
10	225	22	298		
12	237	24	283		

表 5-31　ZK31 钻孔剪切波速实测结果

测试深度 /m	剪切波速 /(m/s)	测试深度 /m	剪切波速 /(m/s)	测试深度 /m	剪切波速 /(m/s)
2	153	12	222	22	306
4	189	14	230	24	338
6	186	16	253	26	401
8	204	18	267	28	462
10	217	20	284	30	513

表 5-32　ZK32 钻孔剪切波速实测结果

测试深度 /m	剪切波速 /(m/s)	测试深度 /m	剪切波速 /(m/s)	测试深度 /m	剪切波速 /(m/s)
2	209	14	279	26	381
4	227	16	265	28	452
6	250	18	272	30	521
8	247	20	269	32	563
10	256	22	289		
12	261	24	305		

表 5-33　ZK33 钻孔剪切波速实测结果

测试深度 /m	剪切波速 /(m/s)	测试深度 /m	剪切波速 /(m/s)	测试深度 /m	剪切波速 /(m/s)
2	163	14	230	26	385
4	189	16	238	28	421
6	204	18	244	30	485
8	221	20	254	32	501
10	235	22	281		
12	226	24	312		

表 5-34　ZK34 钻孔剪切波速实测结果

测试深度 /m	剪切波速 / (m/s)	测试深度 /m	剪切波速 / (m/s)	测试深度 /m	剪切波速 / (m/s)
2	181	12	251	22	265
4	183	14	248	24	294
6	203	16	246	26	364
8	223	18	257	28	429
10	238	20	251	30	509

表 5-35　ZK35 钻孔剪切波速实测结果

测试深度 /m	剪切波速 / (m/s)	测试深度 /m	剪切波速 / (m/s)	测试深度 /m	剪切波速 / (m/s)
2	201	12	227	22	268
4	193	14	239	24	319
6	195	16	245	26	402
8	208	18	267	28	484
10	215	20	253	30	523

表 5-36　ZK36 钻孔剪切波速实测结果

测试深度 /m	剪切波速 / (m/s)	测试深度 /m	剪切波速 / (m/s)	测试深度 /m	剪切波速 / (m/s)
2	168	12	216	22	289
4	193	14	229	24	324
6	217	16	241	26	410
8	209	18	246	28	485
10	211	20	285	30	526

表 5-37　ZK37 钻孔剪切波速实测结果

测试深度 /m	剪切波速 / (m/s)	测试深度 /m	剪切波速 / (m/s)	测试深度 /m	剪切波速 / (m/s)
2	172	14	223	26	367
4	183	16	230	28	375
6	206	18	249	30	463
8	217	20	267	32	512
10	209	22	289		
12	214	24	312		

二、场地类别划分

根据《建筑抗震设计规范》（GB 50011—2010）中 4.1 条的有关规定，根据土层等效剪切波速和场地覆盖层厚度划分场地土的类型和建筑场地类别，划分标准参见表 5-38。

1. 场地覆盖层厚度的确定

按地面至剪切波速大于 500m/s 的土层顶面的距离确定，场地内覆盖层厚度为 20.0～43.0m。

2. 土层的等效剪切波速的确定

依据《建筑抗震设计规范》（GB 50011—2010）中 4.1.5 条的规定，土层的等效剪切波速应按下列公

式计算:

$$V_{se}=d_0/t$$

$$t=\Sigma\ (d_i/v_{si})$$

式中,V_{se} 为土层等效剪切波速(m/s);d_0 为计算深度(m),取覆盖层厚度和 20m 二者的较小值。故本场地覆盖层有效厚度应取 20.0m。

表 5-39 为乌兰县小区划目标区钻孔等效剪切波速划分场地类别表,表 5-40 为乌兰县小区划目标区工程地质单元覆盖层统计结果表。

表 5-38　场地类别划分

等效剪切波速 /（m/s）	场地类别 I_0	场地类别 I_1	场地类别 II	场地类别 III	场地类别 IV
$V_s>800$	0				
$800\geqslant V_s>500$		0			
$500\geqslant V_s>250$		<5	≥ 5		
$250\geqslant V_s>150$		<3	3 ~ 50	>50	
$V_s\leqslant 150$		<3	3 ~ 15	>15 ~ 80	>80

表 5-39　乌兰县地震小区划目标区钻孔等效剪切波速划分场地类别

钻孔号	ZK01	ZK02	ZK03	ZK04	ZK05	ZK06	ZK07	ZK08	ZK09	ZK10
覆盖层厚度 /m	42	43	27	28	25	20	27	29		27
等效剪切波速 /（m/s）	205.42	211.76	225.69	284.48	289.62	266.26	267.54	213.97	214.19	218.66
场地类别	II	II	II	II	II	II	II	II	II	II
钻孔号	ZK11	ZK12	ZK13	ZK14	ZK15	ZK16	ZK17	ZK18	ZK19	ZK20
覆盖层厚度 /m	22	23	29	26	34	28	22	23	26	23
等效剪切波速 /（m/s）	251.59	215.58	232.82	265.80	219.55	231.59	242.39	256.55	244.37	253.21
场地类别	II	II	II	II	II	II	II	II	II	II
钻孔号	ZK21	ZK22	ZK23	ZK24	ZK25	ZK26	ZK27	ZK28	ZK29	ZK30
覆盖层厚度 /m	29	33	27	27	27	25	23	26	33	31
等效剪切波速 /（m/s）	230.13	220.84	212.45	230.13	217.95	222.67	252.85	253.91	198.80	219.21
场地类别	II	II	II	II	II	II	II	II	II	II
钻孔号	ZK31	ZK32	ZK33	ZK34	ZK35	ZK36	ZK37			
覆盖层厚度 /m	29	29	28	29	29	29	31			
等效剪切波速 /（m/s）	226.63	251.35	216.44	215.78	228.64	219.79	211.51			
场地类别	II	II	II	II	II	II	II			

表 5-40 乌兰县地震小区划目标区工程地质单元覆盖层统计结果

工程地质分区	钻孔数	20m 以内等效剪切波速 / (m/s)			覆盖层厚度 /m		
		最小值	最大值	平均值	最小值	最大值	平均值
Ⅰ区	2	205.42	211.76	208.6	42	43	42
Ⅱ区	25	212.45	289.62	236.1	20	31	26
Ⅲ区	6	219.79	267.54	245.0	26	29	28
Ⅳ区	4	198.80	220.84	212.8	31	34	33

第六章 场地地震反应分析

　　一个具体的工程场地，是由一定的岩体所构成的，来自震源的地震波通过场地岩体、土体的滤波、放大，最后作用到工程上。不同的工程场地有不同的地质构造环境，由于不同地质环境下形成的岩土体构成的各种工程场地，既有成因上的差别，也有物质组成、岩相构成、状态及物理力学性质上的差别，作为地震波的传播介质，这些工程场地的差别必然会导致对地震波的传播、滤波和放大等效应的不同，从而出现不同场地上不同的地震反应特征。场地地震反应分析就是在搞清场地地质环境的基础上，应用地震波在介质中传播的基本理论与岩土体动力性状相适应的数学、物理模型，对不同地质环境下地震动特征进行定量研究，并对各种场地地质条件下可能出现的地震反应做出预测。设计地震动参数的确定就是将上述地震反应的结果进行统计和修正，得出的地震动参数作为抗震设计的依据。

　　本章将依据下述思路来完成地震反应分析和设计地震动参数的确定：

　　（1）利用地震危险性分析所给的自由基岩表面地震动反应谱、加速度峰值、持时等来确定场地反应计算中的基底输入地震波时程。

　　（2）建立与工程场地相对应的场地计算力学模型。对局部场地介质土层界面、下卧基岩面及地表较为平坦的场地，可以建立一维场地计算模型；对于土层界面、下卧基岩面及地表沿一个水平方向起伏较大而沿另一个水平方向较平坦的场地，可建立二维场地计算模型；对于土层界面、下卧基岩面及地表沿两个水平方向均起伏较大的场地，需要建立三维场地计算模型。

　　（3）利用数值动力反应分析方法，求解工程场地对应的力学模型在已知基底入射波情况下的反应，并给出场地地表或地下某一深度处的地震反应时程及相关的（加速度）反应谱或其他有关的反应量。

　　（4）由于场地地震反应计算中，计算基底入射波时程是在地震危险性分析所给基岩地震相关加速度反应谱的基础上，利用人工地震动合成技术给出的，所以，每一人工合成的地震动时程均只能看作与所给相关反应谱相对应的时程中的一个样本。为此，要使得场地反应计算结果的可靠性更大，则在场地地震反应计算时，应利用多条时程作为计算基底入射波时程，计算出每一样本入射波时程对应的场地地震反应量后，在确定场地表面或某一深度处的设计地震动参数时还得对计算结果进行综合评判，以给出场地地震相关反应谱及相对应的地震动时程。

第一节 基岩输入地震动的确定

一、原理和方法

　　基岩地震动的人工合成，即根据输入地震反应谱，模拟地震动的时间过程，多用加速度图表示之。加速度时程为一非平稳的随机过程，一般可用三角级数迭加法或自回归滑动平均模型模拟。

三角级数迭加法的基本思想是用一组三角级数构造一个近似的平稳高斯过程，然后再乘以强度包络线得到一个非平稳的加速度时程曲线。可表示为：

$$Z(t) = \psi(t)\chi(t) \tag{1}$$

式中，$Z(t)$ 为基岩地震动加速度曲线；$\psi(t)$ 为具有零均值和功率谱密度函数 $S(\omega)$ 的高斯平稳随机过程，用傅里叶级数表示：

$$\chi(t) = \sum_{K=0}^{N-1} C_K \cos(\omega_K t + \varphi_K) \tag{2}$$

式中，C_K 和 φ_K 是第 k 个谐和分量和傅氏谱幅值和相位角，ω 是圆频率；$\psi(t)$ 是确定的包络线函数，常称为渐进非平稳过程，用以考虑加速度的非平稳性。表示为：

$$\psi(t) = \begin{cases} (t/T_1)^2 & t < T_1 \\ 1 & T_1 \leqslant t \leqslant T_2 \\ \exp[-c(t-T_2)] & t \leqslant T_2 \end{cases} \tag{3}$$

式中，c 为衰减常数。

因被模拟的地震波谱特征用加速度反应谱来表示，而 $\chi(t)$ 函数为傅里叶级数。需利用"功率谱"概念将二者统一起来。

（1）反应谱与功率谱之间存在近似转换关系：

$$S(\omega) = \frac{\zeta}{\pi\omega} \cdot \frac{[S_a^T(\omega)]^2}{\ln[(-\pi/\omega T)\ln(1-P)]} \tag{4}$$

式中，$S_a^T(\omega)$ 为给定的目标反应谱；ζ 为阻尼比；P 为反应超越概率。

（2）傅里叶系数 C_K 与功率谱密度函数的关系为：

$$C_K = [4 \cdot S(\omega_K) \cdot \Delta\omega]^{1/2} \tag{5}$$

（3）由上式进行傅里叶反应变换求得 $\chi(t)$。实际计算中采用快速傅里叶变换技术（FFT）：

$$\chi(t) = \sum_{k=0}^{n} C(\omega_K) \exp(i\omega_K t) \tag{6}$$

式中，$C(\omega_K) = FS(\omega_K)\exp(i\varphi_K)$，$FS(\omega_K)$ 为振幅谱；φ_K 为相位谱，并假定其在（0，2π）之间均匀分布。

因公式（4）是近似的，因此第一次计算得到的 $\chi(t)$ 的反应谱与目标反应谱有一定距离，为提高合成程度，可采用反复迭代的方法，即：

$$FS^{I+1}(\omega_K) = \frac{S_a^T(\omega_K)}{S_a(\omega_K)} \cdot FS^I(\omega_K) \tag{7}$$

两次迭代的误差小于 5% 时可以认为满足精度要求了。

二、地震动时程合成参数

（1）基岩加速度峰值和地震动目标谱，采用场址地震危险性分析结果。通过地震危险性分析可以获得能够综合反映研究区内各潜在震源影响的等效震级 M 和等效距离 R，结果见表 6-1。

（2）地震动持时参数的确定，采用地震危险性分析结果与地震动时程合成过程中地震动能量匹配的原则，即以地震危险性分析所得等效震级与距离，以及由地震动持时参数统计经验关系所得的地震动持时参数值作为参考，在地震动时程合成过程中，综合考虑地震动反应谱与强度包络线参数之间的匹配情况，调整地震动持时参数值，并加以最终确定。根据地震危险性分析得到的等效震级和距离，参考霍俊荣（1989）给出的计算持续时间的公式，公式如下：

$$\lg Y = C_0 + C_1 M + C_2 \lg(D + R_0) + \sigma_\varepsilon \tag{8}$$

式中，Y 为非平稳包络函数 $f(t)$ 中的上升段长 T_1、平稳段长 $T_s = T_2 - T_1$、下降系数 C 三个参数中之一，式中相应的系数见表 6-1。

表 6-1 强度包络函数 $f(t)$ 的系数

参数 Y	C_0	C_1	C_2	R_0	σ_ε
T_1	−1.074	0	1.005	10	0.31
T_s	−2.268	0.3262	0.5815	10	0.16
c	1.941	−0.2817	−0.5670	10	0.10

根据上式可以得到乌兰小区划工程场地基岩地震动时程包络函数的各参数，见表 6-2。

表 6-2 场地基岩地震动合成持时参数

超越概率	等效震级 M	等效距离 R/km	t_1/s	t_2/s	c
50 年 63%	6.40	55.56	11.5	22.4	0.16
50 年 10%	6.85	22.43	5.7	15.8	0.18
50 年 2%	7.14	16.10	4.6	15.7	0.17
1 年 0.01%	7.17	15.65	4.5	15.7	0.17

三、基岩地震动合成结果

在合成本小区划的基岩地震动时程时，50 年超越概率 63%、10% 和 2% 所对应的目标峰值加速度和加速度反应谱取前面危险性分析得到的结果，由于小区划目标区不同位置控制点计算出的结果差异不大，因此，合成基岩人工地震动时程是取地震危险性分析计算结果最大的值，以此得到本区基岩地震动时程。根据所给参数分别合成 3 个概率水平的地震动时程。为了考虑相位随机性的影响，对于每一概率水平情况都分别合成 3 个不同随机相位的地震动时程样本。合成的时程均以 0.02s 为间隔，离散值点数为 2048。

目标加速度反应谱在 0.04～6s 内取 55 个控制点，以保证合成地震动时拟合目标反应谱的精度。在合成过程中，利用逐步逼近目标谱的方法，使合成的加速度时程精确满足目标峰值加速度，并近似满足目标加速度反应谱。本项目中拟合目标加速度反应谱时其拟合相对误差小于 5%。计算时选用 55 个控制点，各控制点误差在 5% 以内。合成结果见图 6-1。

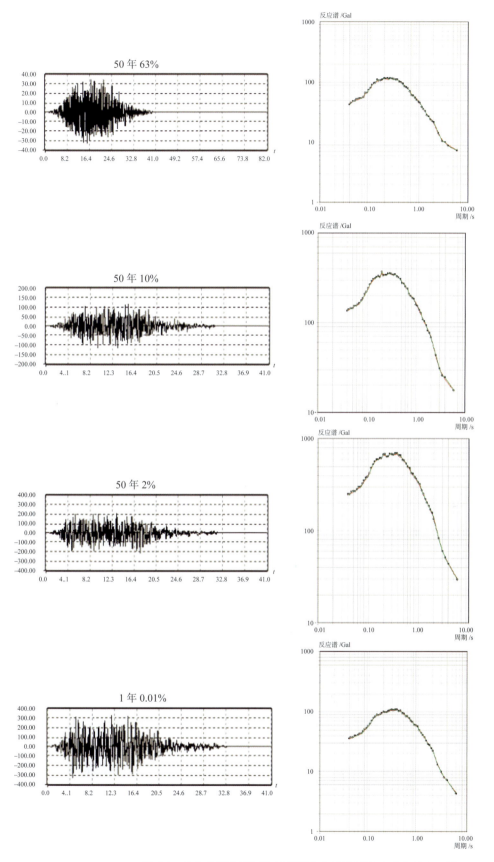

图 6-1 输入基岩地震加速度时程图 (三种超越概率水准任意一条)

第二节　场地地震反应分析计算

在上述工作的基础上，本项目采用一维场地模型来考虑场地条件对地震地面运动的影响。

一、计算原理

一维场地模型地震地面运动影响的分析，采用《工程场地地震安全性评价》（GB 17741—2005）所推荐的一维土层剪切动力反应分析的等效线性化方法，其基本原理如下：

假设剪切波从粘弹性半无限基岩空间垂直入射到水平成层（N层）非线性土体中，并向上传播。对于这一计算模型，根据波传播理论，利用时频变换技术（即傅氏变换法）结合土体非线性特性的复阻尼模拟及等效线性化处理方法可以计算出场地介质动力反应值。

设有一剪切谐波自计算基底垂直向上入射并在土层中传播，则根据波动理论及复阻尼理论可知，每一土层中介质运动必须满足波动方程：

$$\rho_j \frac{\partial^2 U_j(x,t)}{\partial t^2} = G_j^c \frac{\partial^2 U_j(x,t)}{\partial x^2} \tag{8}$$

式中，$U_j(x, t)$ 为第 j 土层中介质反应的位移值；ρ_j 为第 j 土层中介质的密度；G_j^c 为第 j 土层中介质的动力复剪切模量；G_j^c 由式（9）给出：

$$G_j^c = [1 + 2\lambda_j(\gamma_{je})\,i]\,G_{jd}(\gamma_{je})\,G_{jo} \tag{9}$$

式中，$i = (-1)^{0.5}$；G_{jo} 为第 j 土层中介质的最大动力剪切模量；$G_{jd}(\gamma_{je})$，$\gamma_j(\gamma_{je})$ 为第 j 土层中介质的等效动力剪切模量无量纲系数及滞回阻尼比；γ_{je} 为第 j 土层中层中点介质的等效动力剪切应变值；各土层之间介质运动满足位移连续条件和应力连续条件：

$$U_j(x, t)\,|_{x=h} = U_{j+1}(x, t)\,|_{x=0} \tag{10}$$

$$\tau_j(x, t)\,|_{x=h} = \tau_{j+1}(x, t)\,|_{x=0} \tag{11}$$

$$\tau_j(x, t)\,|_{x=0} = 0 \tag{12}$$

式中，H_j 为第 j 土层的层厚，且规定 x 坐标以垂直向下方向为正方向，坐标原点置于每一土层层顶面位置。求解方程式（8），并利用已知的计算基底入射波值可得到土层中介质反应量的频域值，再利用傅氏变换方法可以得到土层中介质反应量的时域值。

考虑到土体的非线性特性，各土层的等效动力剪切模量的无量纲系数和滞回阻尼比都是等效剪应变的函数。因此，实际计算时，先假定每一土层层内介质反应的初始等效动力剪切应变，利用上述方法进行反应计算，并计算出相应的各土层内中点处介质的剪应变反应的最大值，尔后取每一土层内层中点处介质反应的最大剪应变值乘以折减系数（这里取 0.65）的值作为该土层中介质的等效剪应变的计算值。比较计算所用等效剪切应变及计算所得等效剪切应变相对应的等效动力剪切模量和滞回阻尼比值，如果它们的相对误差都小于给定的允许误差（这里取 0.05），则认为土体的非线性特性的考虑满足了要求，否则，以最新计算所得等效剪切应变值取代初始等效剪切应变值，并重复上述计算过程，直到相对误差都小于允许误差为止。

二、场地土动力特性参数

进行场地土层地震动力反应分析，需要土层剖面的土层分层厚度及土层土体性状描述资料，同时也需要土层中土体的力学特性资料。它们包括土体的波速值（剪切波速值）、土体的密度值及土体动力非线性特性参数值。本次工作现场采集原状土样，送实验室进行动三轴实验（山东省地震工程研究院土力学与年代学试验室），取样参数见表6-4。对于缺少动三轴实验资料的土类动力特性参数参考有关文献提供的应力应变关系典型值，本次工作使用的场地土体的力学特性参数见表6-5。建立土层反应计算模型时，以现场实际得到的37个钻孔资料为基础，仔细分析每个钻孔的岩性，选择合适的土动力学参数；剪切波速为现场原位测试结果，测试点位间隔2m，对于厚度不大的土层不再细分，模型波速使用该层的平均剪切波速，对于厚度较大的土层，需要将土层划分为较薄的若干层，再取每层的平均剪切波速。容重取实验结果，如无实测结果则参考当地岩土勘察报告中的土工试验结果或相关参考文献，在此基础上建立土层反应分析计算模型（附件3），为场地地震反应分析提供资料。

表6-4　土样编号及物理性质

土样编号		取土深度 /m	土样定名	容重 / (kN/m³)	含水率 / %	围压 /kPa
试验室编号	野外编号					
1	1#	10.0	粉砂	19.5	16.5	100
2	2-1#	3.0	粉砂	18.9	17.5	100
3	2-2#	10.0	粉砂	19.6	15.5	100
4	2-3#	40.0	粉砂	17.3	15.0	400
5	8#	1.0	黄土状土	17.8	21.0	100
6	9#	2.0	粉砂	19.2	15.3	100
7	12#	2.2	黄土状土	18.0	19.9	250
8	15#	8.0	粉砂	19.6	19.9	100
9	17#	2.0	黄土状土	18.0	17.0	450
10	22#	5.0	粉砂	17.8	13.8	100
11	24#	2.0	黄土状土	17.8	17.3	100
12	29#	10.0	粉砂	18.4	18.3	100
13	30#	1.0	黄土状土	18.0	16.9	100
14	37-1#	1.0	粉砂	17.7	15.0	100
15	37-2#	29.5	粉土	19.3	20.0	300

表 6-5　场地主要土类动力特性参数

土类	参数	剪 应 变							
		5×10^{-6}	1×10^{-5}	5×10^{-5}	1×10^{-4}	5×10^{-4}	1×10^{-3}	5×10^{-3}	1×10^{-2}
杂填土	G/G_{max}	0.9600	0.9500	0.8000	0.7000	0.3000	0.2000	0.1500	0.1000
	ξ	0.0250	0.0280	0.0300	0.0350	0.0800	0.1000	0.1100	0.1200
粉细砂 1#孔	G/G_{max}	0.9986	0.9972	0.9860	0.9724	0.8757	0.7790	0.4134	0.2606
	ξ	0.0219	0.0277	0.0480	0.0605	0.1014	0.1235	0.1725	0.1867
粉细砂 2-1#孔	G/G_{max}	0.9970	0.9939	0.9704	0.9425	0.7663	0.6211	0.2469	0.1408
	ξ	0.0261	0.0336	0.0599	0.0764	0.1275	0.1521	0.1954	0.2051
粉细砂 2-2#孔	G/G_{max}	0.9952	0.9904	0.9539	0.9119	0.6744	0.5088	0.1716	0.0938
	ξ	0.0125	0.0183	0.0434	0.0621	0.1275	0.1599	0.2132	0.224
粉细砂 2-3#孔	G/G_{max}	0.9986	0.9972	0.9859	0.9722	0.8750	0.7778	0.4118	0.2593
	ξ	0.0162	0.0213	0.0403	0.0529	0.0965	0.1215	0.1792	0.1965
黄土 8#孔	G/G_{max}	0.9976	0.9953	0.9769	0.9549	0.8090	0.6792	0.2975	0.1747
	ξ	0.0611	0.0712	0.1015	0.1178	0.1624	0.1823	0.2170	0.2249
粉细砂 9#孔	G/G_{max}	0.9976	0.9953	0.9768	0.9546	0.8079	0.6778	0.2961	0.1738
	ξ	0.052	0.0609	0.088	0.1027	0.1434	0.1616	0.1935	0.2008
黄土 12#孔	G/G_{max}	0.9975	0.9950	0.9754	0.9520	0.7987	0.6649	0.2841	0.1656
	ξ	0.0170	0.0226	0.0434	0.0571	0.1030	0.1270	0.1734	0.1847
粉细砂 15#孔	G/G_{max}	0.9933	0.9867	0.9371	0.8816	0.5982	0.4268	0.1296	0.0693
	ξ	0.0082	0.0121	0.0291	0.0415	0.0826	0.1009	0.1277	0.1326
黄土 17#孔	G/G_{max}	0.9965	0.993	0.9658	0.9338	0.7383	0.5851	0.2200	0.1236
	ξ	0.0216	0.0289	0.0564	0.0745	0.1334	0.1621	0.2117	0.2224
粉细砂 22#孔	G/G_{max}	0.9985	0.9971	0.9856	0.9717	0.8729	0.7744	0.4071	0.2556
	ξ	0.0502	0.0587	0.0844	0.0985	0.1386	0.1579	0.1967	0.2072
黄土 24#孔	G/G_{max}	0.9864	0.9732	0.879	0.7841	0.4207	0.2664	0.0677	0.035
	ξ	0.0157	0.0247	0.0678	0.0998	0.1930	0.2261	0.2653	0.2715
粉细砂 29#孔	G/G_{max}	0.9956	0.9912	0.9574	0.9183	0.6920	0.529	0.1834	0.1010
	ξ	0.0446	0.0544	0.0856	0.1032	0.1512	0.1709	0.2002	0.2058
黄土 30#孔	G/G_{max}	0.9991	0.9983	0.9915	0.9832	0.9214	0.8542	0.5396	0.3694
	ξ	0.0186	0.0237	0.0414	0.0526	0.0901	0.1118	0.1670	0.1863
粉细砂 37-1#孔	G/G_{max}	0.9977	0.9954	0.9775	0.9560	0.8130	0.6850	0.3031	0.1786
	ξ	0.0117	0.0165	0.0367	0.0513	0.1058	0.1373	0.2043	0.2218
粉土 37-2#孔	G/G_{max}	0.9987	0.9974	0.9871	0.9746	0.8847	0.7932	0.4341	0.2772
	ξ	0.0251	0.0313	0.0523	0.0651	0.1059	0.1277	0.1765	0.1910
砾砂	G/G_{max}	0.9983	0.9966	0.9830	0.9666	0.8529	0.7435	0.3669	0.2247
	ξ	0.0033	0.0065	0.0289	0.0508	0.1289	0.1596	0.1971	0.2031

续表

土类	参数	剪 应 变							
		5×10^{-6}	1×10^{-5}	5×10^{-5}	1×10^{-4}	5×10^{-4}	1×10^{-3}	5×10^{-3}	1×10^{-2}
中粗砂	G/G_{max}	0.9973	0.9947	0.9741	0.9495	0.7900	0.6529	0.2733	0.1583
	ξ	0.0023	0.0046	0.0210	0.0377	0.1045	0.1342	0.1737	0.1803
卵石	G/G_{max}	0.9900	0.9700	0.9000	0.8500	0.7000	0.5500	0.3200	0.2000
	ξ	0.0040	0.0060	0.0190	0.0300	0.0750	0.0900	0.1100	0.1200
基岩	G/G_{max}	1.0000	1.0000	1.0000	1.0000	1.0000	1.0000	1.0000	1.0000
	ξ	0.0000	0.0000	0.0000	0.0000	0.0000	0.0000	0.0000	0.0000

第三节　场地地震反应计算结果

利用场地不同概率水准的基岩输入波和 37 个钻孔的计算模型，对场地进行地震动反应计算，分别以 50 年超越概率 63%、10%、2% 和年超越概率 10^{-4} 的基岩地震动时程，按幅值缩小一半确定一维土层反应分析模型的基底入射波，得到场地地表的地震动加速度时程、加速度反应谱及峰值加速度。场地 37 个钻孔计算模型 50 年不同超越概率水准的水平向加速度反应谱曲线见图 6–2 ～图 6–38，结合 37 个钻孔模型地表峰值加速度和反应谱曲线综合判定各钻孔不同概率水准的特征周期并计算加速度均值，表 6–6 为场地各计算模型在 3 组输入波下的水平向峰值加速度及特征周期。

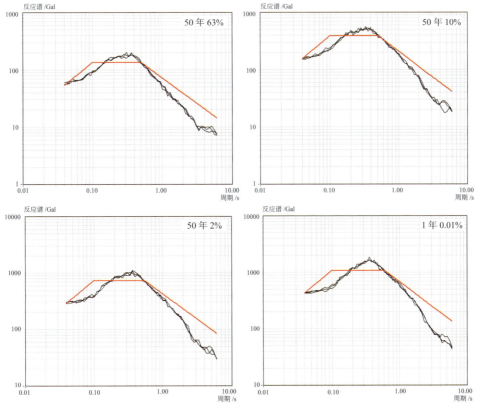

图 6–2　ZK01 钻孔不同概率水准地表水平加速度反应谱

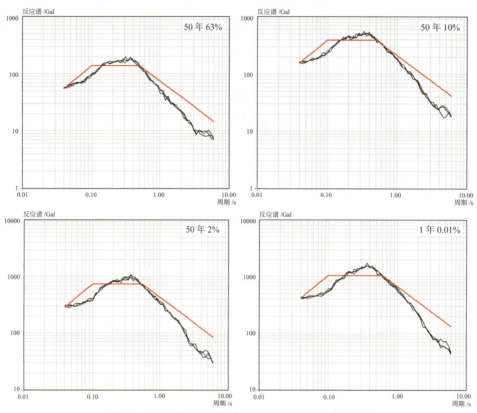

图 6-3　ZK02 钻孔不同概率水准地表水平加速度反应谱

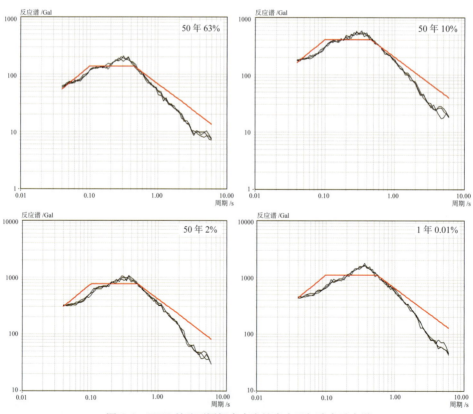

图 6-4　ZK03 钻孔不同概率水准地表水平加速度反应谱

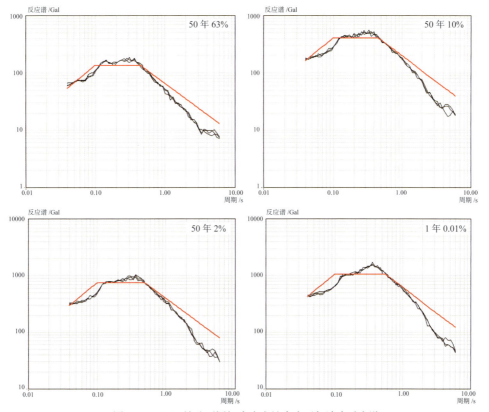

图 6-5 ZK04 钻孔不同概率水准地表水平加速度反应谱

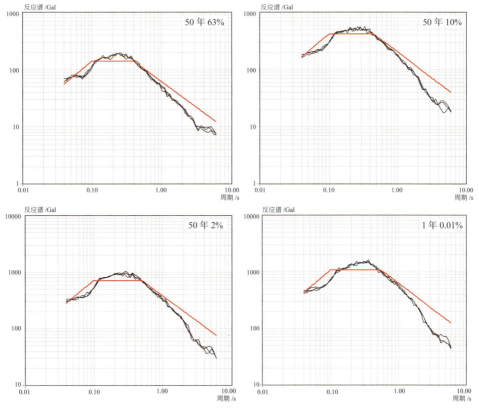

图 6-6 ZK05 钻孔不同概率水准地表水平加速度反应谱

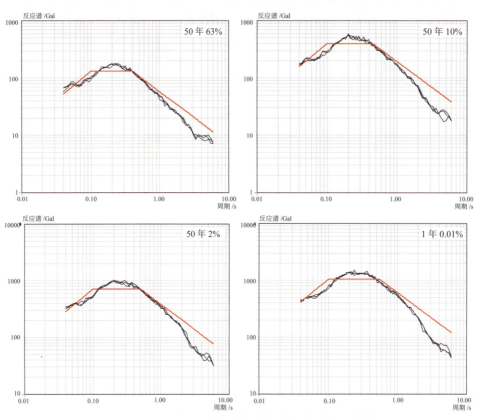

图 6-7   ZK06 钻孔不同概率水准地表水平加速度反应谱

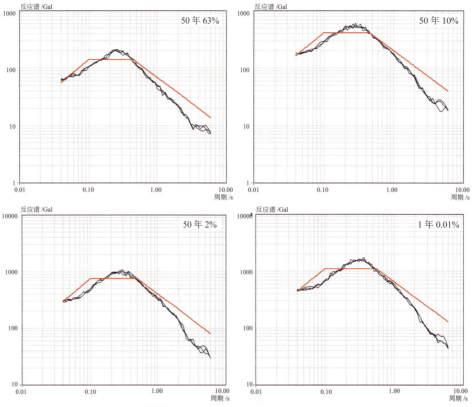

图 6-8   ZK07 钻孔不同概率水准地表水平加速度反应谱

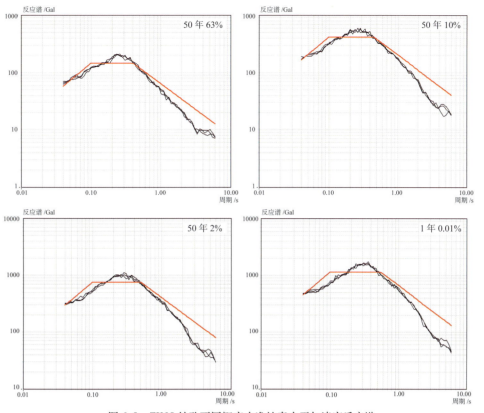

图 6-9 ZK08 钻孔不同概率水准地表水平加速度反应谱

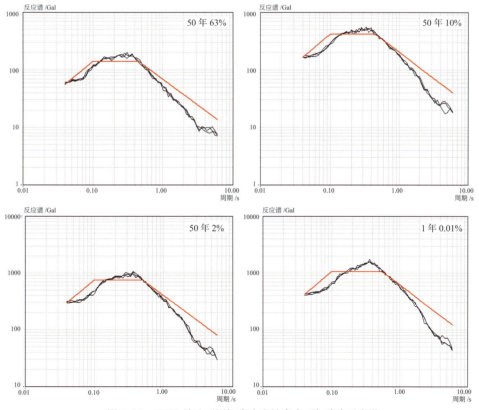

图 6-10 ZK09 钻孔不同概率水准地表水平加速度反应谱

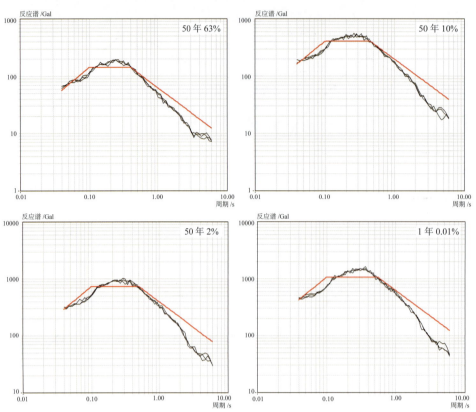

图 6-11　ZK10 钻孔不同概率水准地表水平加速度反应谱

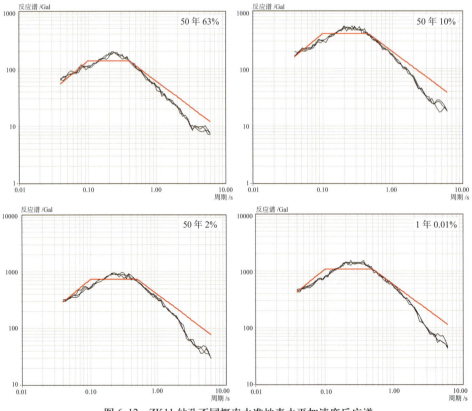

图 6-12　ZK11 钻孔不同概率水准地表水平加速度反应谱

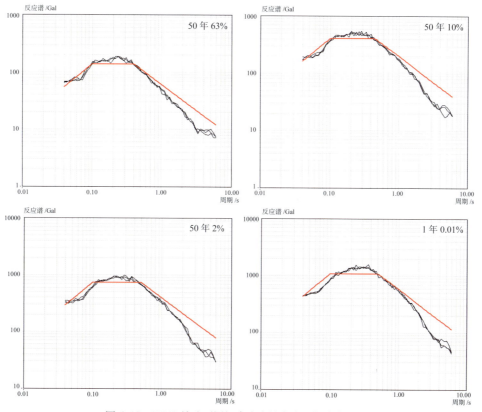

图 6-13　ZK12 钻孔不同概率水准地表水平加速度反应谱

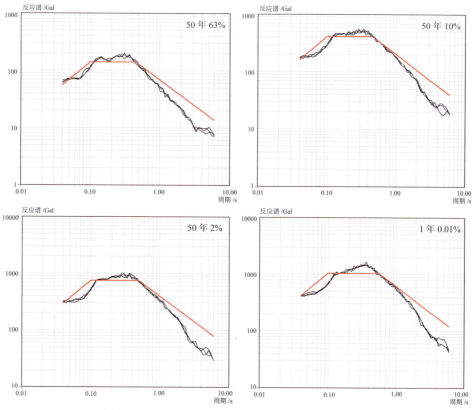

图 6-14　ZK13 钻孔不同概率水准地表水平加速度反应谱

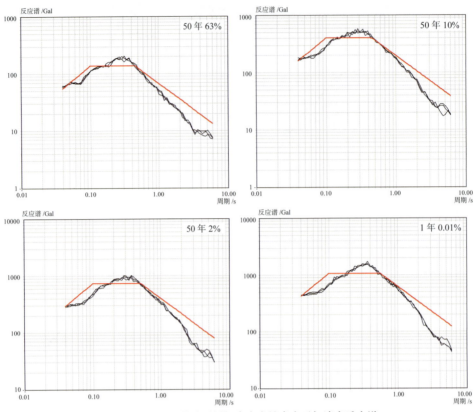

图6-15　ZK14钻孔不同概率水准地表水平加速度反应谱

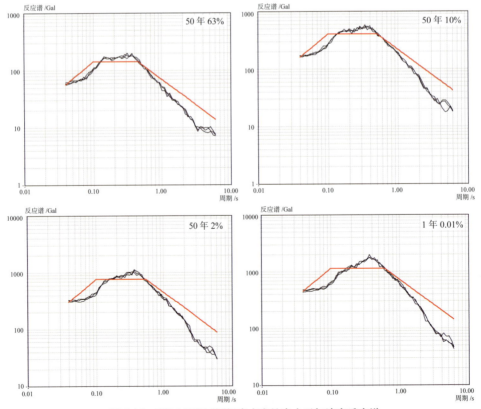

图6-16　ZK15钻孔不同概率水准地表水平加速度反应谱

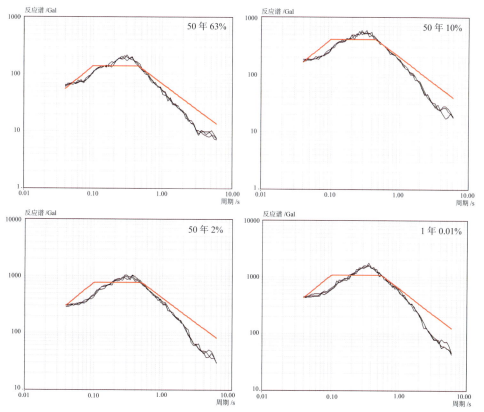

图 6-17　ZK16 钻孔不同概率水准地表水平加速度反应谱

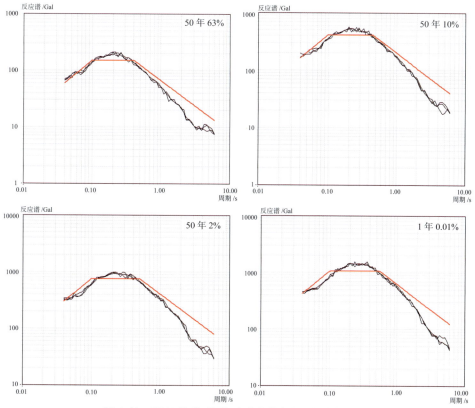

图 6-18　ZK17 钻孔不同概率水准地表水平加速度反应谱

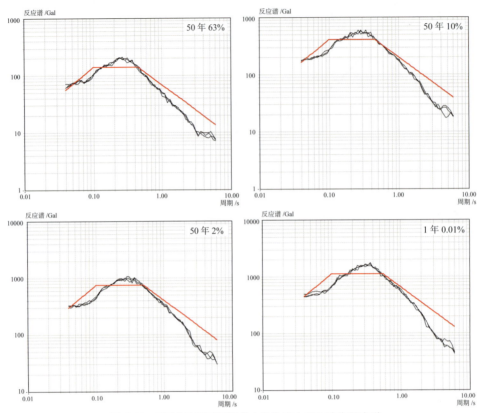

图 6-19　ZK18 钻孔不同概率水准地表水平加速度反应谱

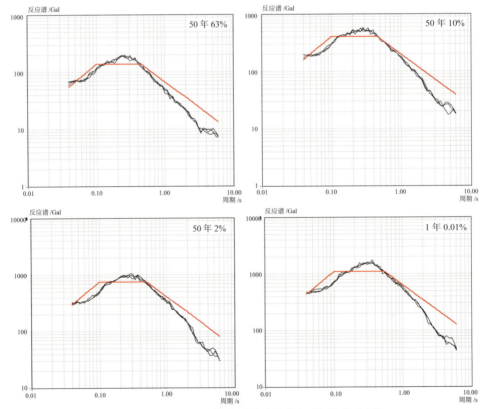

图 6-20　ZK19 钻孔不同概率水准地表水平加速度反应谱

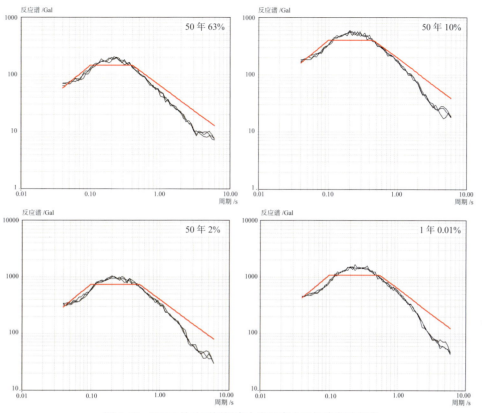

图 6-21 ZK20 钻孔不同概率水准地表水平加速度反应谱

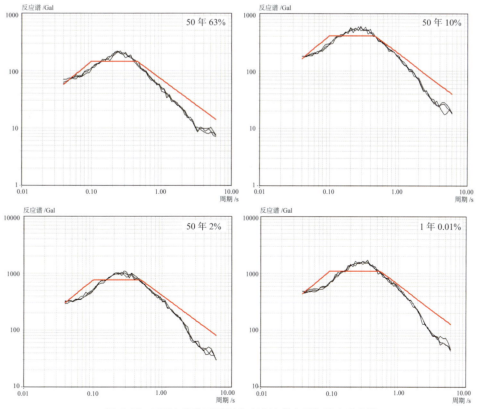

图 6-22 ZK21 钻孔不同概率水准地表水平加速度反应谱

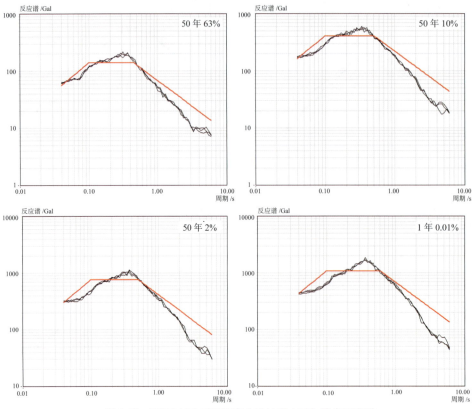

图 6-23　ZK22 钻孔不同概率水准地表水平加速度反应谱

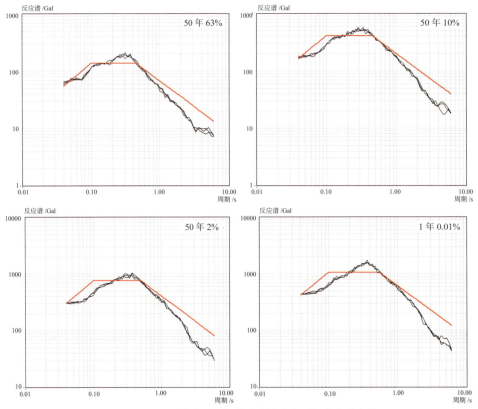

图 6-24　ZK23 钻孔不同概率水准地表水平加速度反应谱

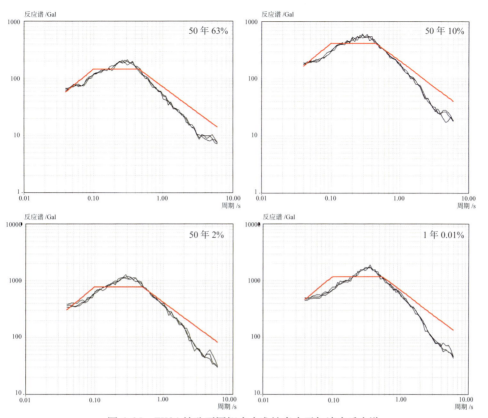

图 6-25 ZK24 钻孔不同概率水准地表水平加速度反应谱

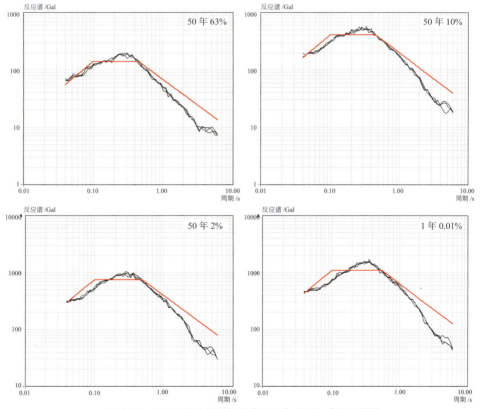

图 6-26 ZK25 钻孔不同概率水准地表水平加速度反应谱

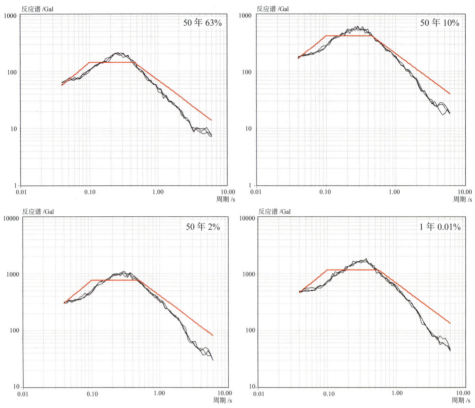

图 6-27　ZK26 钻孔不同概率水准地表水平加速度反应谱

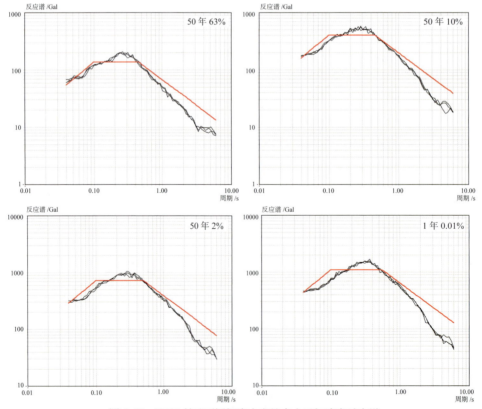

图 6-28　ZK27 钻孔不同概率水准地表水平加速度反应谱

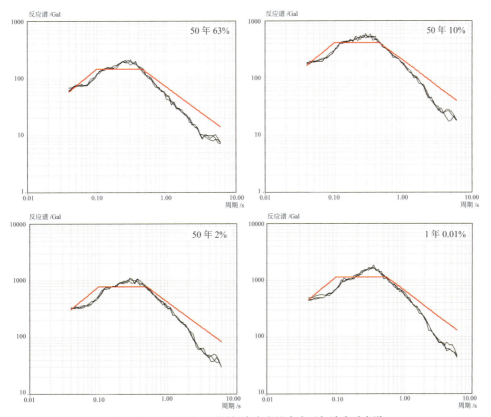

图 6-29　ZK28 钻孔不同概率水准地表水平加速度反应谱

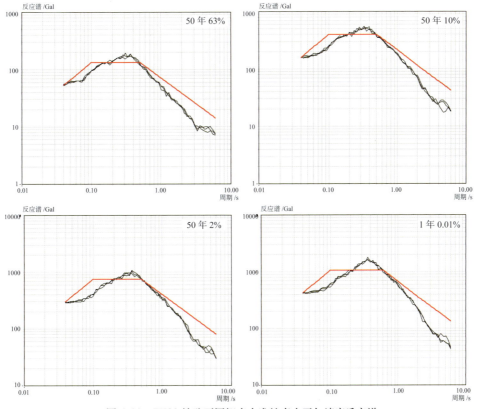

图 6-30　ZK29 钻孔不同概率水准地表水平加速度反应谱

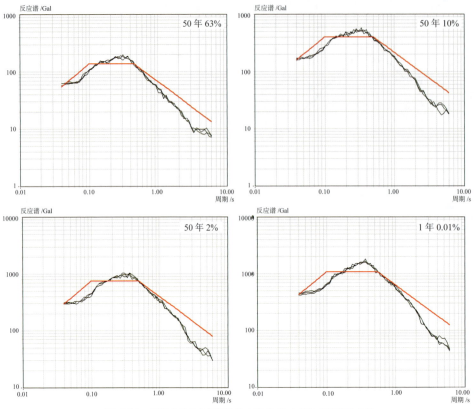

图 6-31　ZK30 钻孔不同概率水准地表水平加速度反应谱

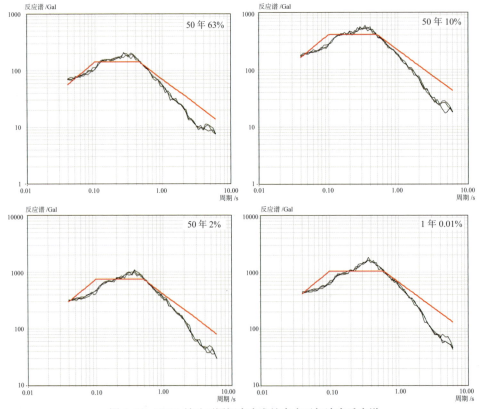

图 6-32　ZK31 钻孔不同概率水准地表水平加速度反应谱

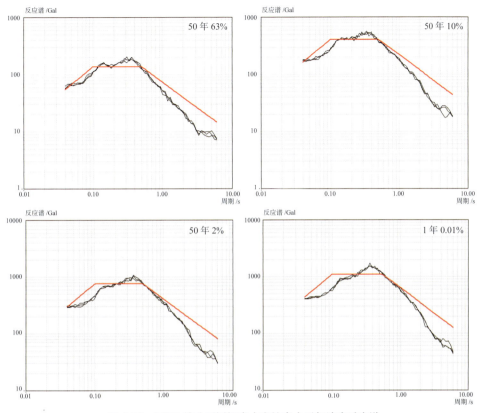

图 6-33 ZK32 钻孔不同概率水准地表水平加速度反应谱

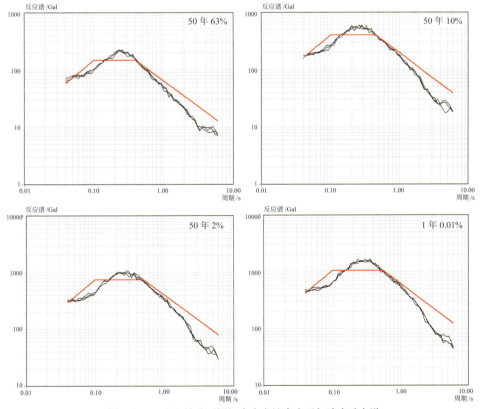

图 6-34 ZK33 钻孔不同概率水准地表水平加速度反应谱

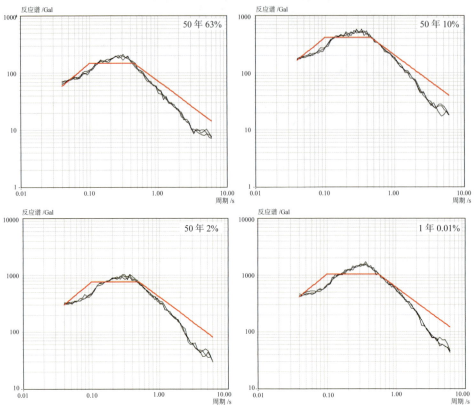

图 6-35　ZK34 钻孔不同概率水准地表水平加速度反应谱

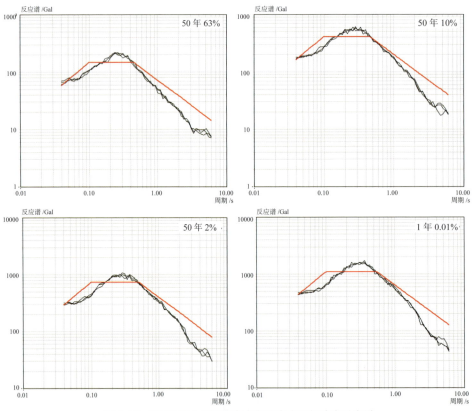

图 6-36　ZK35 钻孔不同概率水准地表水平加速度反应谱

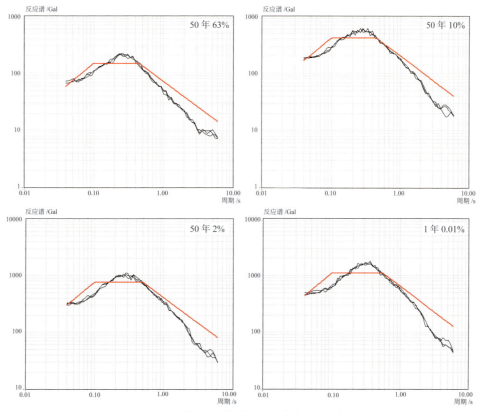

图 6-37　ZK36 钻孔不同概率水准地表水平加速度反应谱

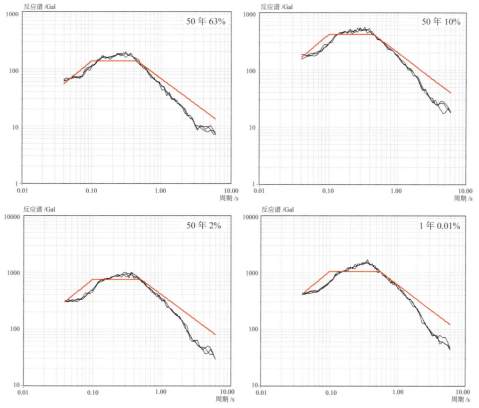

图 6-38　ZK37 钻孔不同概率水准地表水平加速度反应谱

表 6-6　场地不同概率水准地表动峰值加速度（Gal）与特征周期（s）

钻孔序号	坐标		50年63%			50年10%			50年2%			1年0.01%		
	经度/°E	纬度/°N	A_{max}	$\bar{A}_{max}$	$T_{g/s}$	A_{max}	$\bar{A}_{max}$	$T_{g/s}$	A_{max}	$\bar{A}_{max}$	$T_{g/s}$	A_{max}	$\bar{A}_{max}$	$T_{g/s}$
ZK01	98.4541	36.9476	49.5 54.4 58.0	54.0	0.50	160.5 144.7 158.4	154.5	0.50	285.0 302.6 295.6	294.4	0.55	425.3 431.8 438.4	431.8	0.60
ZK02	98.4620	36.9466	50.5 55.5 57.2	54.4	0.50	158.2 149.5 155.4	154.4	0.50	287.4 304.5 287.2	293.0	0.55	405.8 431.9 421.0	419.5	0.60
ZK03	98.4710	36.9466	53.3 53.5 56.4	54.4	0.45	165.1 159.4 167.8	164.1	0.45	306.5 302.7 303.7	304.3	0.50	416.3 448.2 452.7	439.0	0.55
ZK04	98.4831	36.9482	49.9 55.5 55.8	53.7	0.45	162.8 164.4 163.3	163.5	0.45	303.7 299.9 290.2	297.9	0.50	419.5 421.4 435.1	425.3	0.55
ZK05	98.4953	36.9474	54.7 52.7 57.5	55.0	0.40	161.8 164.6 169.2	165.2	0.45	282.9 300.6 276.6	286.7	0.50	414.7 419.4 457.7	430.6	0.55
ZK06	98.5042	36.9516	51.9 49.2 54.5	51.8	0.40	153.3 161.5 157.3	157.3	0.45	279.8 294.9 282.3	285.7	0.50	419.9 400.1 419.1	413.0	0.55
ZK07	98.5106	36.9443	51.8 55.7 61.4	56.3	0.45	168.0 160.2 161.6	163.3	0.45	288.2 306.8 306.7	298.5	0.50	418.8 437.3 467.1	441.0	0.55
ZK08	98.4484	36.9395	53.8 54.7 60.9	56.5	0.40	168.4 165.9 163.9	166.0	0.45	282.7 307.1 308.3	299.4	0.50	423.5 466.1 469	452.8	0.55
ZK09	98.4607	36.9350	51.5 57.5 59.8	56.3	0.45	164.3 163.2 168.6	165.3	0.45	296.3 312.0 293.0	300.4	0.50	407.9 427.8 433.9	423.2	0.55
ZK10	98.4722	36.9390	56.5 54.0 59.9	56.8	0.40	161.7 164.6 162.3	162.8	0.45	290.3 307.2 288.2	295.0	0.50	409.7 423.2 443.4	425.4	0.55
ZK11	98.4817	36.9399	53.0 53.6 59.3	55.3	0.40	165.1 160.4 155.4	160.3	0.45	287.2 295.6 296.5	293.1	0.50	425.3 427.8 431.6	428.2	0.50
ZK12	98.4938	36.9371	51.9 55.3 58.1	55.1	0.40	156.1 166.8 163.4	162.2	0.45	292.7 307.0 283.0	294.2	0.50	432.9 432.2 434.3	433.1	0.50
ZK13	98.5024	36.9455	52.7 57.3 58.9	56.3	0.45	159.5 165.1 163.4	162.7	0.45	298.6 308.0 286.8	297.8	0.50	408.6 409.0 437.3	418.3	0.55
ZK14	98.5036	36.9388	52.3 54.4 58.2	55.0	0.45	159.7 154.6 164.5	159.6	0.45	290.0 301.2 300.8	297.3	0.50	411.6 424.4 441.3	425.7	0.55
ZK15	98.5161	36.9365	52.1 58.3 59.4	56.6	0.45	163.5 154.2 161.3	159.7	0.50	301.0 316.5 297.6	305.0	0.55	432.9 478.4 455.4	455.5	0.60

续表

钻孔序号	坐标		50 年 63%			50 年 10%			50 年 2%			1 年 0.01%		
	经度 /°E	纬度 /°N	A_{max}	$\overline{A}_{max}$	$T_{g/s}$	A_{max}	$\overline{A}_{max}$	$T_{g/s}$	A_{max}	$\overline{A}_{max}$	$T_{g/s}$	A_{max}	$\overline{A}_{max}$	$T_{g/s}$
ZK16	98.4480	36.9344	53.0 55.1 59.3	55.8	0.45	165.6 154.6 169.3	163.1	0.45	284.7 297.8 295.5	292.6	0.50	417.7 421.0 448.4	429.0	0.55
ZK17	98.4599	36.9284	54.4 55.7 58.4	56.2	0.40	159.1 168.9 159.8	162.6	0.45	295.6 315.9 287.8	299.8	0.50	426.7 413.9 425.1	421.9	0.55
ZK18	98.4718	36.9313	54.1 54.1 60.5	56.2	0.45	162.0 158.6 168.0	162.9	0.45	292.9 306.6 305.1	301.5	0.50	419.1 443.3 478.2	446.8	0.55
ZK19	98.4831	36.9315	51.7 53.6 57.9	54.4	0.40	160.8 157.7 165.3	161.2	0.45	293.3 310.2 303.3	302.3	0.50	414.8 442.3 456.4	437.8	0.55
ZK20	98.4938	36.9303	54.8 57.0 61.8	57.9	0.40	152.9 168.1 160.0	160.3	0.45	294.1 312.4 285.2	297.2	0.50	431.7 415.2 445.1	430.6	0.55
ZK21	98.5044	36.9303	54.1 55.9 63.7	57.9	0.45	164.9 163.7 162.9	163.8	0.45	288.2 315.3 306.1	303.2	0.50	417.3 436.8 459.3	437.8	0.55
ZK22	98.5128	36.9325	52.8 57.9 58.7	56.5	0.45	166.5 159.3 167.5	164.4	0.50	307.1 307.6 302.6	305.7	0.50	416.8 441.8 439.7	432.7	0.60
ZK23	98.4441	36.9263	52.0 54.5 56.9	54.5	0.45	164.6 159.5 167.7	163.9	0.45	304.0 305.9 307.7	305.8	0.50	405.6 425.3 434.2	421.7	0.55
ZK24	98.4603	36.9211	53.4 56.9 60.0	56.8	0.45	167.1 165.3 169.2	167.2	0.45	300.7 314.2 316.4	310.4	0.50	434.3 479.3 489.1	467.5	0.55
ZK25	98.4691	36.9228	54.6 52.5 59.3	55.5	0.45	165.8 156.0 165.7	162.5	0.45	290.6 301.7 302.0	298.1	0.50	406.3 449.5 448.8	434.8	0.55
ZK26	98.4799	36.9221	53.3 56.2 63.4	57.6	0.45	169.0 159.4 168.8	165.7	0.45	289.8 314.2 312.7	305.5	0.50	437.3 454.4 493.7	461.8	0.55
ZK27	98.4941	36.9230	53.3 52.3 57.6	54.4	0.45	161.9 161.2 159.5	160.9	0.45	282.2 296.1 294.7	291.0	0.50	410.7 452.0 454.4	439.0	0.55
ZK28	98.5042	36.9210	54.0 58.1 62.1	58.1	0.45	163.5 166.2 169.7	166.4	0.45	307.3 316.4 310.9	311.5	0.50	426.8 455.2 487.1	456.3	0.55
ZK29	98.5205	36.9211	51.7 53.2 55.7	53.5	0.50	163.2 148.9 162.9	158.3	0.50	299.8 301.5 299.7	300.3	0.50	405.6 417.1 420.7	414.4	0.60
ZK30	98.4472	36.9192	50.7 52.8 57.0	53.5	0.45	158.0 156.8 165.6	160.1	0.50	295.7 306.5 300.4	299.5	0.50	411.4 431.1 445.1	429.2	0.55

续表

钻孔序号	坐标		50 年 63%			50 年 10%			50 年 2%			1 年 0.01%		
	经度 /°E	纬度 /°N	A_{max}	$\overline{A}_{max}$	$T_{g/s}$	A_{max}	$\overline{A}_{max}$	$T_{g/s}$	A_{max}	$\overline{A}_{max}$	$T_{g/s}$	A_{max}	$\overline{A}_{max}$	$T_{g/s}$
ZK31	98.4611	36.9152	55.2 56.8 58.9	57.0	0.45	165.3 152.5 168.0	161.9	0.50	302.5 302.2 299.5	301.4	0.50	416.5 418.7 423.4	419.5	0.60
ZK32	98.4697	36.9127	53.6 55.9 56.0	55.2	0.50	167.6 159.9 168.3	165.2	0.50	313.9 301.8 295.4	303.7	0.50	420.9 417.2 417.2	418.4	0.55
ZK33	98.4774	36.9094	59.2 54.6 57.2	59.2	0.45	162.0 159.4 162.0	161.1	0.45	282.8 312.3 302.2	299.1	0.50	410.6 422.6 446.2	426.4	0.55
ZK34	98.4815	36.9138	56.4 58.0 60.4	58.3	0.45	163.1 166.4 168.5	166.0	0.45	300.9 314.1 308.4	307.8	0.50	413.0 429.1 456.6	432.9	0.55
ZK35	98.4956	36.9154	54.3 56.6 64.8	58.6	0.45	166.1 159.0 166.6	163.9	0.45	279.8 308.7 303.2	297.2	0.50	411.6 441.2 458.1	436.9	0.55
ZK36	98.5058	36.9142	54.3 57.0 64.7	58.7	0.45	166.5 161.5 168.0	165.3	0.45	286.8 316.6 310.7	304.7	0.50	422.3 445.3 452.8	440.1	0.55
ZK37	98.5158	36.9126	52.4 55.7 57.8	55.3	0.45	159.9 166.5 167.6	164.6	0.45	300.3 306.2 293.9	300.1	0.50	400.8 422.8 430.3	417.9	0.55

第七章　地震小区划

在乌兰县规划区各模型场地土层反应分析计算的基础上，结合场地工程地貌单元分区对场地进行地震动参数区划，确定乌兰县场地地震动参数。此外，根据地震动参数及场地工程地质条件评价场地内可能发生的地震地质灾害。

第一节　地震动参数小区划

一、地震峰值加速度与反应谱特征周期分区

分析场地内控制型钻孔的地震反应分析结果及场地工程地质单元的特征，由计算结果可知，在同一概率水准下四个工程地质单元分区地表峰值加速度和特征周期存在小幅差异。主要表现为工程地质单元

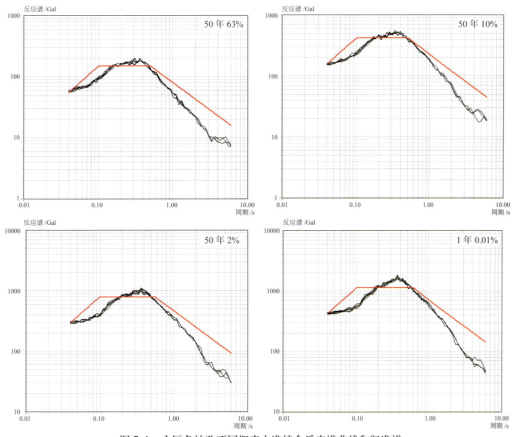

图 7-1　Ⅰ区各钻孔不同概率水准综合反应谱曲线和归准谱

Ⅰ区和Ⅳ区在覆盖层上与Ⅱ区、Ⅲ区存在一定差异，在进行峰值加速度区划时将Ⅰ区和Ⅳ区，单独作为两个分区（Ⅰ区、Ⅲ区）；Ⅱ区、Ⅲ区虽然钻孔之间存在一些差异，但没有表现出地域性差异，将这两个区合并为一个区。图7-1～图7-3为小区划分区范围内所有钻孔的综合反应谱，对其进行归准，从而为综合确定Ⅰ区、Ⅱ区和Ⅲ区场地地表地震动参数提供依据。

二、场地设计地震动参数确定

根据各计算模型的地震反应分析计算结果，考虑统计结果、各场地反应谱曲线及其工程地质条件以及乌兰县的经济发展水平和今后发展的需要，综合确定乌兰县的水平向设计地震动参数，结果见表7-1～表7-3。

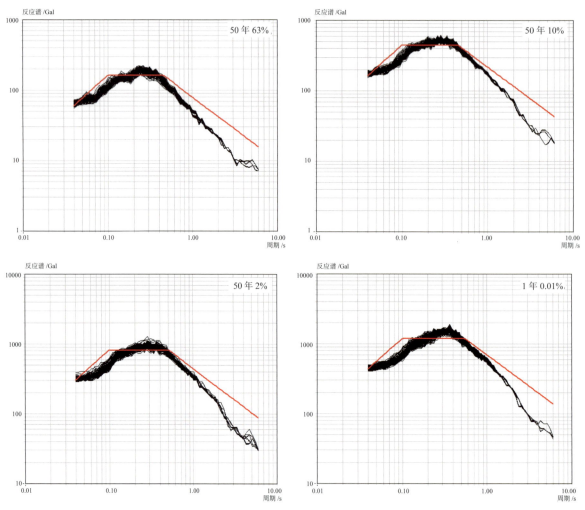

图7-2　Ⅱ区各钻孔不同概率水准综合反应谱曲线和归准谱

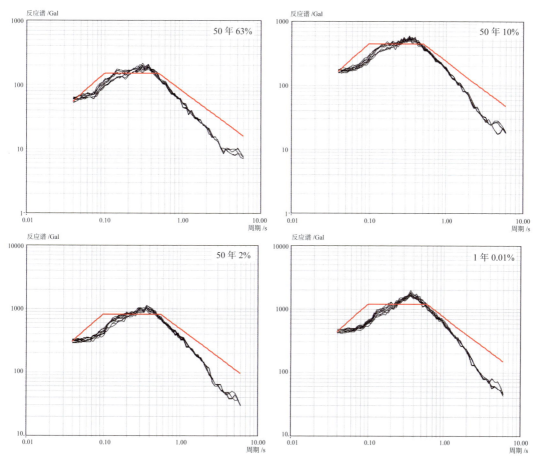

图 7-3　Ⅲ区各钻孔不同概率水准综合反应谱曲线和归准谱

表 7-1　乌兰县工程场地Ⅰ区水平向设计地震动参数

超越概率水平	A_{max}/g	β_{max}	α_{max}	T_0/s	T_g/s	γ
$P_{50}=63\%$	0.055	2.7	0.148	0.1	0.50	0.9
$P_{50}=10\%$	0.155	2.7	0.418	0.1	0.50	0.9
$P_{50}=2\%$	0.295	2.7	0.796	0.1	0.55	0.9
$P_1=0.01\%$	0.420	2.7	1.134	0.1	0.60	0.9

表 7-2　乌兰县工程场地Ⅱ区水平向设计地震动参数

超越概率水平	A_{max}/g	β_{max}	α_{max}	T_0/s	T_g/s	γ
$P_{50}=63\%$	0.060	2.7	0.162	0.1	0.45	0.9
$P_{50}=10\%$	0.165	2.7	0.445	0.1	0.45	0.9
$P_{50}=2\%$	0.305	2.7	0.823	0.1	0.50	0.9
$P_1=0.01\%$	0.440	2.7	1.188	0.1	0.55	0.9

表 7-3　乌兰县工程场地Ⅲ区水平向设计地震动参数

超越概率水平	A_{max}/g	β_{max}	α_{max}	T_0/s	T_g/s	γ
$P_{50}=63\%$	0.055	2.7	0.148	0.1	0.50	0.9
$P_{50}=10\%$	0.165	2.7	0.445	0.1	0.50	0.9
$P_{50}=2\%$	0.305	2.7	0.823	0.1	0.55	0.9
$P_1=0.01\%$	0.440	2.7	1.188	0.1	0.60	0.9

按照《建筑抗震设计规范》(GB 50011—2010)的要求，场地内建筑物的设计地震动参数具体形式为：

$$\alpha(T) = \begin{cases} [0.45+10(\eta_2-0.45T)]\alpha_{max} & 0 \leqslant T \leqslant 0.1 \\ \eta_2\alpha_{max} & 0.1 < T \leqslant T_g \\ \left(\frac{T_y}{T}\right)^\gamma \eta_2\alpha_{max} & T_g < T \leqslant 5T_g \\ [\eta_2 0.2^\gamma - \eta_1(T-5T)]\alpha_{max} & 5T_g < T \leqslant 6.0 \end{cases}$$

三、地震动参数小区划结果

统计分析不同分区单元的地震动参数，综合分析判定，确定乌兰县小区划不同概率水准的设计地震动参数，结果见表 7-4 及附图 3。

本报告所给出的年超越概率 10^{-4} 的地震动参数结果仅供参考。

表 7-4　乌兰县工程场地水平向设计地震动参数

分区	超越概率水平	A_{max}/g	β_{max}	α_{max}	T_0/s	T_g/s	γ
Ⅰ区	$P_{50}=63\%$	0.055	2.7	0.148	0.1	0.50	0.9
	$P_{50}=10\%$	0.155	2.7	0.418	0.1	0.50	0.9
	$P_{50}=2\%$	0.295	2.7	0.796	0.1	0.55	0.9
	$P_1=0.01\%$	0.420	2.7	1.134	0.1	0.60	0.9
Ⅱ区	$P_{50}=63\%$	0.060	2.7	0.162	0.1	0.45	0.9
	$P_{50}=10\%$	0.165	2.7	0.445	0.1	0.45	0.9
	$P_{50}=2\%$	0.305	2.7	0.823	0.1	0.50	0.9
	$P_1=0.01\%$	0.440	2.7	1.188	0.1	0.55	0.9
Ⅲ区	$P_{50}=63\%$	0.055	2.7	0.148	0.1	0.50	0.9
	$P_{50}=10\%$	0.165	2.7	0.445	0.1	0.50	0.9
	$P_{50}=2\%$	0.305	2.7	0.823	0.1	0.50	0.9
	$P_1=0.01\%$	0.440	2.7	1.188	0.1	0.60	0.9

第二节　地震动小区划图说明书

一、地震动小区划技术途径与方法

（1）本次编制的《乌兰县希里沟镇地震动参数小区划图》是按照中华人民共和国国家标准《工程场地地震安全性评价》（GB 17741—2005）的要求编制的。

（2）编制中贯彻了中华人民共和国国家标准《建筑抗震设计规范》（GB 50011—2010）以及中华人民共和国国家标准《岩土工程勘察规范》（GB 50011—2010，2009版）的相关要求，借鉴了中华人民共和国国家标准《中国地震动参数区划图》（GB 18306—2001）和《中国地震动参数区划图》（GB 18306—2015）编图的方法。

（3）在大量收集本单位及前人地震地质、地震活动性和地球物理场工作成果的基础上，进行了长时间的区域及近场地震构造与地震活动性研究，对近场区断层进行了详细现场调查，在浅层地震地质、地震勘探、钻探、探槽等工作的基础上进行了本次小区划工作。

（4）在以上工作的基础上，开展了基岩地震危险性分析计算，得到50年超越概率水准63%、10%、2%和年超越概率10^{-4}的基岩峰值加速度和反应谱，合成了相应的地震动时程。地震危险性分析及土层地震反应分析均采用中国地震局推荐的 ESE 专用软件计算。

（5）开展了丰富扎实的场地地震工程地质条件勘测工作，划分四个工程地质单元，进行了钻探和剪切波速原位测试工作，并取样做了动三轴试验。

（6）建立分布于小区划工程场地内的 37 个土层地震反应模型，通过一维等效线性化地震动反应分析计算，经分析归纳得到了该地震动参数小区划图。

二、地震动小区划图表的使用注意事项

（1）本次得到的地震小区划图，比例尺为 1 : 50000，不宜放大使用。

（2）小区划图是针对新建、扩建、改建一般建设工程的抗震设计和已建一般建设工程抗震鉴定与加固使用，对于《中华人民共和国防震减灾法》或《地震安全性评价管理条例》中规定的应进行工程场地地震安全性评价的工程，不宜直接采用。

（3）本次地震小区划所给出 50 年超越概率 63%、10%、2% 和年超越概率 0.01% 地震动参数分别对应于《中国地震动参数区划图》（GB 18306—2015）所提出的"4级地震作用"当中的多遇地震动、基本地震动、罕遇地震动和极罕遇地震动，设计部门在进行建筑抗震验算时分别取相应的地震动参数。

第三节　地震地质灾害区划

地震地质灾害评价及其划分是针对工程场地内已有的和潜在的不良地质环境，预测未来大震发生时可能形成的地震地质灾害类型及破坏强度。在综合各种地质要素与灾害类型相对应的基础上，确定各种地震地质灾害分布的区域，为工程场地的城市建设规划、工程震害的预测和预防、救灾措施的制定提供基础资料。

一、砂土液化判别

砂土液化是地震时地面失效的一种类型，它是在含水饱和的砂、粉细砂堆积区，经地震力往复震动的条件下，所产生的砂土液化现象。由于砂土液化丧失了原有地基的承载力，导致上部建筑物的沉陷和变形。经调查资料统计分析，地震烈度在Ⅶ度以下时，由地基土形成的液化导致的灾害较轻，而在地震烈度Ⅶ度以上，烈度越高地基土液化形成的灾害越重。导致地基土液化除承受地震强烈的振动作用外，必须存在两个必然条件，一是场地是否存在一定厚度的饱和砂土和粉土；二是水位埋深，如果地下水位埋深较浅，震前地面形变会促使水位上升，使原来不饱和的砂土和粉土饱和。

乌兰地区地下水主要为第四系松散岩类孔隙水，来源主要由都兰河河水渗漏补给，其次为大气降水、冰雪融水渗入、引灌水渗漏的侧向补给，地下水量较丰富。地下水位埋深 0.3 ～ 32.0m，稳定水位标高在 2945.0 ～ 2958.7m，高差为 13.7m。工程场地范围内部分地区 20m 以内存在饱和土，以此需要判别砂土液化问题。

本次工程地质勘察共完成 37 个钻孔，其中 34 个钻孔见地下水。参照《建筑抗震设计规范》（GB 50011—2010）条文 4.3 中关于砂土液化的判别，本次砂土液化的判别深度 20m，见地下水的 34 个钻孔中 13 个钻孔 20m 以内存在饱和砂土。因此对这 13 个钻孔进行了砂土液化和液化等级的判别，根据地震动参数小区划的结果，工程场地 50 年超越概率 10% 和 2% 的峰值加速度分别为 0.165g 和 0.305g，按这 2 个结果分别进行判别，结果见表 7–5 ～ 表 7–7。

从表 7.5 ～ 表 7.7 中可以看出，基本地震作用 0.15g 时有 4 个钻孔会液化，其中 ZK3、ZK9、ZK28 液化等级为轻微，ZK37 液化等级为中等；罕遇地震作用 0.30g 时有 6 个钻孔会液化，其中 ZK3、ZK23、ZK25 液化等级为轻微，ZK28 液化等级为中等，ZK9、ZK37 液化等级为严重；极罕遇地震作用 0.40g 时有 11 个钻孔会液化，其中 ZK3、ZK8、ZK30、ZK31、ZK34、ZK36 液化等级为轻微，ZK23、ZK25、ZK28 液化等级为中等，ZK9、ZK37 液化等级为严重。地震动液化区划图见附图 4 ～ 附图 6。

二、软土震陷判别

软土主要由淤泥、淤泥质土、泥炭质土、有机质土或其他高压缩性土组成，软土能否发生震陷，与土层承载力标准值和平均剪切波速有关，按照《岩土工程勘察规范》（GB 50021—2001）的标准，当地基承载力特征值或剪切波速满足表 7–8 所规定的数值条件时，可以不考虑震陷的影响。

表 7-5　饱和砂土液化等级计算表（地震加速度 0.15g）

孔号	地层名称	实测击数 N_i	标贯深度 d_s/m	土层厚度 d_i/m	土层厚度权数 W_i	地震分组：第二组				地震分组：第三组				地下水位 d_w/m
						N_{cri}	i 点的液化指数 I_{lei}	液化指数 I_{le}	液化等级	N_{cri}	i 点的液化指数 I_{lei}	液化指数 I_e	液化等级	
ZK3	中粗砂	8	16.5	1.95	2.23	8.20	0.11	0.14	轻微	9.07	0.51	0.75	轻微	15.70
ZK3	中粗砂	9	18.5	2.35	0.90	9.16	0.04			10.12	0.23			15.70
ZK8	砾砂	21	4.5			10.97	0.00	0.00	不液化	12.13	0.00	0.00	不液化	2.80
ZK8	砾砂	27	6.5			13.36	0.00			14.77	0.00			2.80
ZK8	砾砂	31	8.5			15.27	0.00			16.87	0.00			2.80
ZK8	砾砂	33	10.5			16.85	0.00			18.63	0.00			2.80
ZK8	砾砂	47	14.5			19.40	0.00			21.45	0.00			2.80
ZK9	粉细砂	8	8.0	1.95	7.90	10.65	3.83	3.83	轻微	11.77	4.93	5.51	轻微	7.20
ZK9	粉细砂	13	10.0	2.00	6.56	12.30	0.00			13.60	0.58			7.20
ZK9	粉细砂	17	12.0	2.65	5.23	13.71	0.00			15.15	0.00			7.20
ZK13	砾砂	28	11.5			9.77	0.00	0.00	不液化	10.80	0.00	0.00	不液化	11.00
ZK13	砾砂	30	13.5			11.04	0.00			12.20	0.00			11.00
ZK13	砾砂	33	15.5			12.16	0.00			13.44	0.00			11.00
ZK13	砾砂	38	17.5			13.16	0.00			14.54	0.00			11.00
ZK13	砾砂	40	19.5			14.06	0.00			15.54	0.00			11.00
ZK23	砾砂	29	2.5	2.00	10.00	9.30	0.00	0.00	不液化	10.28	0.00	0.00	不液化	1.20
ZK23	砾砂	18	4.5			12.49	0.00			13.81	0.00			1.20
ZK23	砾砂	40	6.5			14.88	0.00			16.45	0.00			1.20
ZK25	砾砂	24	11.0	1.75	5.90	17.50	0.00	0.00	不液化	19.34	0.00	0.00	不液化	2.50
ZK25	砾砂	33	13.0	2.00	3.23	18.81	0.00			20.79	0.00			2.50
ZK25	砾砂	29	15.0			19.96	0.00			22.06	0.00			2.50
ZK25	砾砂	35	17.0			20.99	0.00			23.20	0.00			2.50
ZK25	砾砂	38	19.0			21.92	0.00			24.23	0.00			2.50
ZK28	中粗砂	10	6.0	1.65	9.23	10.25	0.38	0.38	轻微	11.33	1.79	1.79	轻微	5.50
ZK28	中粗砂	14	8.0	1.85	7.90	12.26	0.00			13.55	0.00			5.50

续表

孔号	地层名称	实测击数 N_i	标贯深度 d/m	土层厚度 d/m	土层厚度权数 W_i	地震分组：第二组				地震分组：第三组				地下水位 d_w/m
						N_{cri}	i点的液化指数 I_{lei}	液化指数 I_{le}	液化等级	N_{cri}	i点的液化指数 I_{lei}	液化指数 I_{le}	液化等级	
ZK29	粉细砂	26	13.5			9.14	0.00	0.00	不液化	10.10	0.00	0.00	不液化	13.00
ZK29	粉细砂	30	15.5			10.26	0.00			11.34	0.00			13.00
ZK29	粉细砂	33	17.5			11.26	0.00			12.44	0.00			13.00
ZK29	粉细砂	40	19.5			12.16	0.00			13.44	0.00			13.00
ZK30	砾砂	34	3.5			11.50	0.00	0.00	不液化	12.71	0.00	0.00	不液化	0.70
ZK30	砾砂	37	5.5			14.24	0.00			15.74	0.00			0.70
ZK30	砾砂	31	7.5			16.36	0.00			18.08	0.00			0.70
ZK30	砾砂	40	9.5			18.09	0.00			19.99	0.00			0.70
ZK30	砾砂	39	11.5			19.55	0.00			21.61	0.00			0.70
ZK31	砾砂	22	2.5			9.20	0.00	0.00	不液化	10.17	0.00	0.00	不液化	1.30
ZK31	砾砂	32	4.5			12.40	0.00			13.70	0.00			1.30
ZK31	砾砂	32	6.5			14.79	0.00			16.34	0.00			1.30
ZK31	砾砂	38	8.5			16.69	0.00			18.45	0.00			1.30
ZK31	砾砂	37	10.5			18.28	0.00			20.20	0.00			1.30
ZK34	砾砂	34	2.5			8.82	0.00	0.00	不液化	9.75	0.00	0.00	不液化	1.70
ZK34	砾砂	34	4.5			12.02	0.00			13.28	0.00			1.70
ZK34	砾砂	39	10.5			17.90	0.00			19.78	0.00			1.70
ZK34	砾砂	35	12.5			19.26	0.00			21.29	0.00			1.70
ZK36	砾砂	34	7.5			16.74	0.00	0.00	不液化	18.50	0.00	0.00	不液化	0.30
ZK36	砾砂	41	9.5			18.47	0.00			20.41	0.00			0.30
ZK36	砾砂	43	11.5			19.93	0.00			22.03	0.00			0.30
ZK37	粉细砂	7	2.0	1.65	10.00	8.01	2.08	9.61	中等	8.85	3.46	13.60	中等	1.50
ZK37	粉细砂	9	4.0	2.65	10.00	11.50	5.77			12.72	7.74			1.50
ZK37	砾砂	24	10.0	0.85	6.56	17.72	0.00			19.58	0.00			1.50
ZK37	砾砂	29	12.0	2.00	3.90	19.13	0.00			21.14	0.00			1.50
ZK37	砾砂	41	14.0			20.35	0.00			22.50	0.00			1.50
ZK37	中粗砂	17	16.0	3.30	2.57	21.44	1.76			23.70	2.40			1.50

表7-6 饱和砂土液化等级计算表（地震加速度0.30g）

孔号	地层名称	实测击数 N_i	标贯深度 d_s/m	土层厚度 d_l/m	土层厚度权数 W_i	地震分组：第二组 N_{cri}	i点的液化指数 I_{lei}	液化指数 I_{le}	液化等级	地震分组：第三组 N_{cri}	i点的液化指数 I_{lei}	液化指数 I_{le}	液化等级	地下水位 d_w/m
ZK3	中粗砂	8	16.5	1.95	2.23	13.13	1.70	2.51	轻微	14.51	1.95	2.89	轻微	15.70
ZK3	中粗砂	9	18.5	2.35	0.90	14.65	0.82			16.19	0.94			15.70
ZK8	砾砂	21	4.5			17.56	0.00	0.00	不液化	19.41	0.00	0.00	不液化	2.80
ZK8	砾砂	27	6.5			21.38	0.00			23.63	0.00			2.80
ZK8	砾砂	31	8.5			24.43	0.00			27.00	0.00			2.80
ZK8	砾砂	33	10.5			26.97	0.00			29.81	0.00			2.80
ZK8	砾砂	47	14.5			31.04	0.00			34.31	0.00			2.80
ZK9	粉细砂	8	8.0	1.95	7.90	17.03	8.17	15.74	中等	18.83	8.86	18.28	严重	7.20
ZK9	粉细砂	13	10.0	2.00	6.56	19.68	4.45			21.75	5.28			7.20
ZK9	粉细砂	17	12.0	2.65	5.23	21.94	3.12			24.25	4.14			7.20
ZK13	砾砂	28	11.5			15.63	0.00	0.00	不液化	17.27	0.00	0.00	不液化	11.00
ZK13	砾砂	30	13.5			17.66	0.00			19.52	0.00			11.00
ZK13	砾砂	33	15.5			19.45	0.00			21.50	0.00			11.00
ZK13	砾砂	38	17.5			21.05	0.00			23.27	0.00			11.00
ZK13	砾砂	40	19.5			22.50	0.00			24.87	0.00			11.00
ZK23	砾砂	29	2.5			14.87	0.00	1.99	轻微	16.44	0.00	3.71	轻微	1.20
ZK23	砾砂	18	4.5	2.00	10.00	19.99	1.99			22.09	3.71			1.20
ZK23	砾砂	40	6.5			23.81	0.00			26.32	0.00			1.20
ZK25	砾砂	24	11.0	1.75	5.90	28.00	1.47	2.07	轻微	30.94	2.32	3.47	轻微	2.50
ZK25	砾砂	33	13.0			30.10	0.00			33.26	0.00			2.50
ZK25	砾砂	29	15.0	2.00	3.23	31.94	0.59			35.30	1.15			2.50
ZK25	砾砂	35	17.0			33.59	0.00			37.12	0.00			2.50
ZK25	砾砂	38	19.0			35.07	0.00			38.76	0.00			2.50
ZK28	中粗砂	10	6.0	1.65	9.23	16.40	5.95	10.13	中等	18.13	6.83	12.01	中等	5.50
ZK28	中粗砂	14	8.0	1.85	7.90	19.62	4.18			21.68	5.18			5.50

续表

孔号	地层名称	实测击数 N_i	标贯深度 d_s/m	土层厚度 d_i/m	土层厚度权数 W_i	地震分组:第二组				地震分组:第三组				地下水位 d_w/m
						N_{cri}	i点的液化指数 I_{lei}	液化指数 I_e	液化等级	N_{cri}	i点的液化指数 I_{lei}	液化指数 I_e	液化等级	
ZK29	粉细砂	26	13.5			14.62	0.00	0.00	不液化	16.16	0.00	0.00	不液化	13.00
ZK29	粉细砂	30	15.5			16.41	0.00			18.14	0.00			13.00
ZK29	粉细砂	33	17.5			18.01	0.00			19.91	0.00			13.00
ZK29	粉细砂	40	19.5			19.46	0.00			21.51	0.00			13.00
ZK30	砾砂	34	3.5			18.41	0.00	0.00	不液化	20.34	0.00	0.00	不液化	0.70
ZK30	砾砂	37	5.5			22.78	0.00			25.18	0.00			0.70
ZK30	砾砂	31	7.5			26.17	0.00			28.93	0.00			0.70
ZK30	砾砂	40	9.5			28.94	0.00			31.99	0.00			0.70
ZK30	砾砂	39	11.5			31.29	0.00			34.58	0.00			0.70
ZK31	砾砂	22	2.5			14.72	0.00	0.00	不液化	16.27	0.00	0.00	不液化	1.30
ZK31	砾砂	32	4.5			19.84	0.00			21.93	0.00			1.30
ZK31	砾砂	32	6.5			23.66	0.00			26.15	0.00			1.30
ZK31	砾砂	38	8.5			26.71	0.00			29.52	0.00			1.30
ZK31	砾砂	37	10.5			29.25	0.00			32.33	0.00			1.30
ZK34	砾砂	34	2.5			14.11	0.00	0.00	不液化	15.60	0.00	0.00	不液化	1.70
ZK34	砾砂	34	4.5			19.23	0.00			21.25	0.00			1.70
ZK34	砾砂	39	10.5			28.64	0.00			31.65	0.00			1.70
ZK34	砾砂	35	12.5			30.81	0.00			34.06	0.00			1.70
ZK36	砾砂	34	7.5			26.78	0.00	0.00	不液化	29.60	0.00	0.00	不液化	0.30
ZK36	砾砂	41	9.5			29.55	0.00			32.66	0.00			0.30
ZK36	砾砂	43	11.5			31.89	0.00			35.25	0.00			0.30
ZK37	粉细砂	7	2.0	1.65	10.00	12.82	7.49	26.57	严重	14.17	8.35	30.22	严重	1.50
ZK37	粉细砂	9	4.0	2.65	10.00	18.41	13.54			20.34	14.78			1.50
ZK37	砾砂	24	10.0	0.85	6.56	28.35	0.85			31.33	1.30			1.50
ZK37	砾砂	29	12.0	2.00	3.90	30.60	0.41			33.82	1.11			1.50
ZK37	砾砂	41	14.0			32.57	0.00			35.99	0.00			1.50
ZK37	中粗砂	17	16.0	3.30	2.57	34.31	4.28			37.92	4.68			1.50

表 7-7 饱和砂土液化等级计算表（地震加速度 0.40g）

孔号	地层名称	实测击数 N_i	标贯深度 d_s/m	土层厚度 d_i/m	土层厚度权数 W_i	地震分组：第一组 N_{cri}	i 点的液化指数 I_{lei}	液化指数 I_{le}	液化等级	地震分组：第三组 N_{cri}	i 点的液化指数 I_{lei}	液化指数 I_{le}	液化等级	地下水位 d_w/m
ZK3	中粗砂	8	16.5	1.95	2.23	15.59	2.12	3.14	轻微	17.23	2.33	3.46	轻微	15.70
ZK3	中粗砂	9	18.5	2.35	0.90	17.39	1.02			19.23	1.12			15.70
ZK8	砾砂	21	4.5	2.45	10.00	20.85	0.00	0.00		23.04	2.17			2.80
ZK8	砾砂	27	6.5	2.00	8.90	25.39	0.00			28.06	0.67			2.80
ZK8	砾砂	31	8.5	2.00	7.57	29.01	0.00			32.06	0.50	4.55	轻微	2.80
ZK8	砾砂	33	10.5	2.85	6.23	32.02	0.00			35.39	1.20			2.80
ZK8	砾砂	47	14.5	2.80	3.57	36.87	0.00			40.75	0.00			2.80
ZK9	粉细砂	8	8.0	1.95	7.90	20.23	9.31	19.96	严重	22.35	9.89	22.10	严重	7.20
ZK9	粉细砂	13	10.0	2.00	6.57	23.37	5.83			25.83	6.52			7.20
ZK9	粉细砂	17	12.0	2.65	5.23	26.05	4.82			28.79	5.68			7.20
ZK13	砾砂	28	11.5	1.65	5.57	18.56	0.00	0.00		20.51	0.00	0.00		11.00
ZK13	砾砂	30	13.5	2.00	4.23	20.97	0.00			23.18	0.00			11.00
ZK13	砾砂	33	15.5	2.00	2.90	23.10	0.00			25.53	0.00			11.00
ZK13	砾砂	38	17.5	2.00	1.57	25.00	0.00			27.63	0.00			11.00
ZK13	砾砂	40	19.5	3.85	0.23	26.72	0.00			29.53	0.00			11.00
ZK23	砾砂	29	2.5	2.25	10.00	17.66	0.00	4.83	轻微	19.52	0.00	6.28	中等	1.20
ZK23	砾砂	18	4.5	2.00	10.00	23.74	4.83			26.24	6.28			1.20
ZK23	砾砂	40	6.5	2.65	8.90	28.27	0.00			31.25	0.00			1.20
ZK25	砾砂	24	11.0	1.75	5.90	33.25	2.87	5.65	轻微	36.75	3.58	8.04	中等	2.50
ZK25	砾砂	33	13.0	2.00	4.57	35.74	0.70			39.50	1.50			2.50
ZK25	砾砂	29	15.0	2.00	3.23	37.93	1.52			41.92	1.99			2.50
ZK25	砾砂	35	17.0	2.00	1.90	39.88	0.47			44.08	0.78			2.50
ZK25	砾砂	38	19.0	1.85	0.57	41.65	0.09			46.03	0.18			2.50
ZK28	中粗砂	10	6.0	1.65	9.23	19.48	7.41	13.25	中等	21.53	8.16	14.83	中等	5.50
ZK28	中粗砂	14	8.0	1.85	7.90	23.29	5.83			25.75	6.67			5.50

续表

孔号	地层名称	实测击数 N_i	标贯深度 d_s	土层厚度 d_i/m	土层厚度权数 W_i	地震分组：第二组 N_{cri}	i点的液化指数 I_{lei}	液化指数 I_{le}	液化等级	地震分组：第二组 N_{cri}	i点的液化指数 I_{lei}	液化指数 I_{le}	液化等级	地下水位 d_w/m
ZK29	粉细砂	26	13.5	1.65	4.23	17.36	0.00	0.00		19.19	0.00	0.00		13.00
ZK29	粉细砂	30	15.5	2.00	2.90	19.49	0.00			21.54	0.00			13.00
ZK29	粉细砂	33	17.5	2.00	1.57	21.39	0.00			23.64	0.00			13.00
ZK29	粉细砂	40	19.5	1.35	0.23	23.11	0.00			25.54	0.00			13.00
ZK30	砾砂	34	3.5	1.95	10.00	21.86	0.00	0.04	轻微	24.16	0.00	2.12	轻微	0.70
ZK30	砾砂	37	5.5	2.00	9.57	27.05	0.00			29.90	0.00			0.70
ZK30	砾砂	31	7.5	2.00	8.23	31.08	0.04			34.35	1.61			0.70
ZK30	砾砂	40	9.5	2.00	6.90	34.37	0.00			37.99	0.00			0.70
ZK30	砾砂	39	11.5	1.85	5.57	37.15	0.00			41.06	0.52			0.70
ZK31	砾砂	22	2.5	1.65	10.00	17.48	0.00	0.00		19.32	0.00	0.64	轻微	1.30
ZK31	砾砂	32	4.5	2.00	10.00	23.56	0.00			26.04	0.00			1.30
ZK31	砾砂	32	6.5	2.00	8.90	28.09	0.00			31.05	0.00			1.30
ZK31	砾砂	38	8.5	2.00	7.57	31.72	0.00			35.05	0.00			1.30
ZK31	砾砂	37	10.5	2.85	6.23	34.73	0.00			38.39	0.64			1.30
ZK34	砾砂	34	2.5	1.65	10.00	16.76	0.00	0.35	轻微	18.53	0.00	1.09	轻微	1.70
ZK34	砾砂	34	4.5	1.85	10.00	22.83	0.00			25.24	0.00			1.70
ZK34	砾砂	39	10.5	1.65	6.23	34.01	0.00			37.59	0.00			1.70
ZK34	砾砂	35	12.5	1.65	4.90	36.59	0.35			40.44	1.09			1.70
ZK36	砾砂	34	7.5	1.35	8.23	31.80	0.00	0.00		35.15	0.36	0.36	轻微	0.30
ZK36	砾砂	41	9.5	2.00	6.90	35.09	0.00			38.78	0.00			0.30
ZK36	砾砂	43	11.5	1.85	5.57	37.87	0.00			41.86	0.00			0.30
ZK37	粉细砂	7	2.0	1.65	10.00	15.22	8.91	33.15	严重	16.82	9.63	36.74	严重	1.50
ZK37	粉细砂	9	4.0	2.65	10.00	21.86	15.59			24.16	16.63			1.50
ZK37	砾砂	24	10.0	0.85	6.57	33.66	1.60			37.20	1.98			1.50
ZK37	砾砂	29	12.0	2.00	5.23	36.34	2.11			40.17	2.91			1.50
ZK37	砾砂	41	14.0	2.00	3.90	38.67	0.00			42.74	0.32			1.50
ZK37	中粗砂	17	16.0	3.30	2.57	40.74	4.94			45.03	5.27			1.50

表7-8　临界承载力特征值和等效剪切波速

抗震设防烈度	VII	VIII	IX
承载力特征值 f_a/（kPa）	> 80	> 130	> 160
等效剪切波速 V_{se}/（m/s）	> 90	> 140	> 200

根据钻孔资料揭示，本场地未探及软土，因此可以不考虑软土震陷的影响。

三、断层影响评价

工程场地是否存在断层，尤其是活动断层，是城市地震小区划和工程建设最为重视的问题。因为断层发生位移、升降等现象，会直接破坏地表，使位于断层之上的建筑物瞬间遭到毁灭性的破坏，是现有建筑抗震条件难以抵御的灾害。因此，《工程场地地震安全性评价》（GB 17741—2005）第12.6.2条明确规定，"应根据断层活动性调查结果，评价断层的地表特征及对工程场地的影响"，《岩土工程勘察规范》（GB 50021—2001）第5.8.1条规定，要求"抗震设防烈度等于或大于VII度的重大工程场地应进行断裂勘察"，第5.8.6条要求"大型工业建设场地，在可行性研究勘察时，应建议避让全新世活动断裂"。《建筑抗震设计规范》（GB 50011—2010）第4.1.7条，给出了各类建筑应避开发震断裂的最小避让距离。

通过近场区地质调查，以及浅层人工地震勘探、钻探等工作，结果显示乌兰盆地东缘断裂从工程场地东北角穿过（附图Ⅳ），断裂发育在乌兰盆地东侧河东村附近的山前冲洪积扇之上，为逆冲断裂，长约25km。该断裂属于鄂拉山断裂的次级断裂，规模较小。通过与鄂拉山断裂的比较，该断裂最大发震能力应在6.5～7.0左右。参考经验公式 $M=7.00+1.05\lg D$（邓起东，1992），计算6.5级地震产生的最大潜在垂直位移为0.334m，7.0级地震产生的最大潜在垂直位移为1m。

因此，根据《工程场地地震安全性评价》（GB 17741—2005）和《建筑抗震设计规范》（GB 50011—2010）的相关规定，在各类建设工程选址、防震减灾规划、社会经济发展规划等工作中，应考虑乌兰盆地东缘断裂在未来地震作用下，断裂错动可能引起的地面变形对建设工程造成的破坏影响。

四、崩塌灾害

都兰河自北至南从工程场地右侧穿过，由于都兰河的侵蚀作用，在都兰河东岸形成一条陡坎。陡坎与河流基本平行，呈SN走向，陡坎直立接近90°，呈起伏状，高度从3m至十几米不等。从构成陡坎的岩性来看，陡坎可分为南北两段。南段由两种第四纪沉积物构成，上部是粉砂，下部是砾砂（图7-4）；北段主要由卵石层构成，局部地段上部有黄土（图7-4）。由于陡坎直立，组成物质较为松散，在外力作用下容易坍塌。在野外调查时可见因风化和重力作用，陡坎局部出现小范围的坍塌（图7-5）。

由于陡坎的不稳定性，在强地震动作用下容易造成陡坎边坡的崩塌。由于陡坎规模有限，影响范围并不大，考虑陡坎高度不同，影响范围大致在陡坎两侧5～20m范围之内。靠近陡坎处不适合工程建设。

综上所述，乌兰县小区划工程场地内存在砂土液化问题，液化范围和液化等级与地震动强度有关；不存在软土震陷问题，工程场地内无活动断裂直接穿过，可不考虑发震断裂错动对地面工程的直接影响；工程场地内都兰河东岸存在近直立陡坎，在强地震动作用下容易引起崩塌，因此靠近陡坎处不适合工程建设。

南段

北段

图 7-4　都兰河东岸陡坎实地照片

图 7-5　都兰河东岸陡坎局部坍塌照片

第四节　地震地质灾害小区划图说明书

一、地震灾害小区划主要结论

（1）本次编制的《乌兰县希里沟镇地震地质灾害小区划图》是按照中华人民共和国国家标准《工程场地地震安全性评价》（GB 17741—2005）的要求编制的。

（2）乌兰县希里沟镇地震小区划工程场地位于乌兰盆地北部，地势略向南倾，地形基本比较平坦。工程场地北部和东部靠近山体，山体较为稳定，发生滑坡和泥石流的可能性很小，基本可以不用考虑此类地质灾害。

（3）乌兰县希里沟镇地震小区划工程场地地下水较丰富，由北至南地下水埋藏由深至浅。根据收集的勘察资料和本次工作所开展的大量勘察资料可知，在强震动作用下，局部地区会发生砂土液化灾害，液化范围和等级随着地震动作用的增大而增大。

（4）乌兰县希里沟镇地震小区划工程场地内都兰河东岸存在近直立陡坎，在强地震动作用下容易引起崩塌，靠近陡坎处不适合建设工程的规划。

（5）乌兰盆地东缘断裂穿过工程场地东北角，该断裂为全新世活动断裂，该断裂两侧50～100m范围内，不适合建设工程的规划。

二、地震灾害小区划图表的使用注意事项

本次得到的地震灾害小区划图，比例尺为1：50000。共编制地震地质灾害小区划图3幅。

附图Ⅳ　乌兰县地震地质灾害小区划图（50年10%）。

附图Ⅴ　乌兰县地震地质灾害小区划图（50年2%）。

附图Ⅵ　乌兰县地震地质灾害小区划图（1年0.01%）。

以上图件的使用范围仅为乌兰县希里沟镇城市总体规划（2014—2030）的范围。本次对地震地质灾害的研究区进行了详细的研究，针对不同的地震地质灾害做了分类计算，在使用过程中应与相应图件结合才能对场地地震地质灾害做出正确评价，为乌兰县的整体规划提供可靠的设计依据。

第八章 结 论

一、区域地震活动性

区域地处西北地区，历史地震记载不全，区域记载到的最早地震为 1927 年 3 月 16 日青海哈拉湖东 6.0 级地震。最大地震为 1937 年 1 月 7 日青海阿兰湖东 7½ 级地震。自有记录以来区域内共记录到 $M \geqslant 4.7$ 地震 31 次。

区域内主要涉及了青藏地震区内的柴达木—阿尔金地震带（V2-3），东北角涉及六盘山—祁连山地震带（V2-2），西南角少部涉及巴颜喀拉山地震带（V3-1）。

区域内地震活动在空间上呈明显的不均匀分布，区域强震震中分布表明：区域强震的发生和展布受区域深大断裂的控制，区域范围内控制性断裂的走向以 NW、NWW 向为主，强震的发生在区域范围内表现为东南部和西北部强，东北部相对较弱的特点。

鄂拉山断裂带是一条现今活动明显的全新世断裂带，晚更新世晚期以来的平均水平滑动速率为（4.1±0.9）mm/a。断裂中段与大柴旦—宗务隆山断裂带的交汇处，1938 年 8 月 23 日曾发生 6 级地震，该地震距离小区划工程场地的最近距离约 52.3km，对工程场地的影响较大。

区域内中强以上地震和近代小震的震源深度分布在 1 ～ 40km 范围内，优势分布层位在 5 ～ 30km。区域内的地震属于地壳中上层的浅源构造地震范畴。

柴达木—阿尔金地震带活动特征为 1900 年以来一直处于地震能量释放加速阶段，未来活动水平估计：不低于 1900 年以来的地震活动水平。六盘山—祁连山地震带的平均活动准周期约为 300 年，自 1450 年以来地震带大致经历了 2 个地震活跃期，目前正处于第 2 个活动期的后期，未来活动水平估计：处于活跃期水平。巴颜喀拉山地震带 1900 年以来地震活动较活跃，因该地震带历史地震记录时间太短（不足一个活动期），无法划分完整的地震活动期，未来地震活动水平估计：不低于 1900 年以来的地震活动水平。

区域范围内的新褶皱所反映的古构造应力方向、现代构造应力场方向、12 个中强地震的震源机制主压应力方向显示区域主压应力方向集中在 30° ～ 70° 之间，其平均主压应力方向为 NE 向。

综合评定对场地有一定影响的 11 次中强震的地震参数，1937 年 1 月 7 日青海阿兰湖东 7½ 级地震对工程场地的影响烈度为 Ⅴ 度，该地震距离小区划工程场地约 177km；1938 年 8 月 23 日青海天峻西 6 级地震对工程场地的影响烈度为 Ⅴ 度，该地震距离小区划工程场地约 52.3km；1963 年 4 月 19 日青海都兰阿拉克湖 7.0 级地震对工程场地的影响烈度为 Ⅴ 度。其余 7 次中强震对小区划工程场地的影响烈度小于 Ⅴ 度。

历史地震对小区划工程场地的最大影响烈度为 Ⅴ 度，其影响主要来自于近场强震和中远场大震。工程场地所在区域范围地处中国西部，1900 年以前地震记载严重缺失，区域记载到的最早地震为 1927 年 3 月 16 日青海哈拉湖东 6.0 级地震。因地震记录时间较短，历史地震记载不全，历史地震影响烈度的评价结果可能会低估未来的地震危险性。

二、区域地震构造环境

工作区位于柴达木盆地东北缘，属青藏高原东北缘。青藏高原东北缘地区是由 NEE 向左旋走滑的阿尔金断裂带、NNW 向的祁连山—海原断裂带和近 EW 向左旋走滑的东昆仑断裂带三条巨型左旋走滑断裂所围限的一个相对独立的活动地壳块体，称为柴达木—祁连活动地块。由于高原整体不断隆升和向 NE 侧向挤压，在块体内部形成了一些性质不同、规模不等的晚第四纪活动断裂带。

区内新构造运动强烈，以断块升降为主的差异运动显著；区内地球物理异常的分布反映区内深大断裂的存在；本区现代构造应力场主压应力方向以 NE 向为优势方向。

本区共计发育 15 条规模较大的断裂，以 NW、NNW 走向为主。其中全新世活动断裂 8 条，晚更新世活动断裂 3 条，早中更新世断裂 2 条。其中以 NNW 走向的鄂拉山断裂对场地的潜在影响最大。根据断裂活动性的差异在区域划分出 1 个 8 级地震构造带、6 个 7 级地震构造带和 2 个 6 级地震构造带。

三、近场区地震构造

近场区存在多条断裂，通过现场地震地质调查、探槽开挖、浅层人工地震、年代学等手段的探查，确定三条对乌兰县存在较大的潜在影响。分别为：鄂拉山断裂、乌兰盆地东缘断裂、大柴旦—尕海—乌兰隐伏断裂。其中鄂拉山断裂为全新世断裂，距离乌兰县城区较近，约 5.3km；大柴旦—尕海—乌兰隐伏断裂为中更新世断裂，主断裂距离乌兰县城区约 6.9km；乌兰盆地东缘断裂从小区划工程场地东北角穿过，其余地区距离工程场地 200～300m 左右。这三条断裂对乌兰县城区存在较大的潜在影响。

从近场区的地震环境分析来看，有地震记载以来没有发生 M5 以上地震，自 1965 年以来，共记录到 M3.0 以上地震 19 次，其中最大地震为 4.7 级，展现出地震活动的总体水平较低。从地震发生的空间分布来看，鄂拉山断裂发生 M3.0 以上地震 4 次，最大的为发生在 2005 年 6 月 29 日的 M4.2 地震；乌兰盆地东缘断裂发生 M3.0～3.6 级地震 3 次，而大柴旦—尕海—乌兰隐伏断裂附近发生了 3.0 级以上地震 5 次，最大地震发生在 2005 年 4 月 27 日和 28 日，分别为 M4.7 和 M4.1。

四、地震危险性概率分析

区域范围共划分 21 个潜在震源区，其中 8.0 级潜源区 2 个，7.5 级潜源区 10 个，7.0 级潜源区 4 个，6.5 级潜在震源区 5 个。

在区域地震活动性及地震构造研究成果，潜在震源区划分结果，确定地震动衰减关系及地震带、潜在震源区的地震活动性参数的基础上，应用概率方法计算得到场地 4 个控制点不同超越概率水准的基岩峰值加速度，结果见表 8-1。

表 8-1　不同年限内不同超越概率相应的基岩水平加速度峰值（Gal）

计算控制点	地理坐标		50 年			1 年
	经度 /°E	纬度 /°N	63%	10%	2%	0.01%
计算点 1	98.4635	36.9420	34.0	113.8	214.4	319.1
计算点 2	98.4653	36.9190	33.7	112.1	211.6	316.0
计算点 3	98.4961	36.9426	34.4	116.5	219.6	325.8
计算点 4	98.4989	36.9204	34.2	115.2	217.5	323.6

五、场地地震工程地质条件评价

根据场地地貌特征、地基土层结构和组成及岩土层动力学测试成果，将乌兰县小区划工程场地划分为 4 个工程地质单元。

（1）北部山前风积堆积区（Ⅰ区）

该区位于国道 109 线以北阿干大里山的山前，海拔在 2900～2950 m 之间，地形以 1% 的平均坡降向 S 倾斜。该区第四系覆盖层未揭穿，地下水埋深 31.0～32.0m，上部地层为全新统粉细砂层，厚度约 16m；下部为下更新统砾砂、圆砾等，钻孔最大深度 46m。该区大体上呈 EW 向带状分布，东西长约 5.5km，南北最宽约 1.2km。

（2）冲洪积平原区（Ⅱ区）

该区位于工程场地中西部，乌兰县政府所在地希里沟镇位于该区，为工程场地内最大地质单元分区，约占总面积的 65%。海拔在 2950～3000m，地形由北向南缓慢倾斜。根据钻孔资料揭示，该区上部有较薄的杂填土和黄土状土，下部为冲洪积相的卵石层、砂砾层、圆砾层等，局部夹有粉细砂层、中粗砂层等，具有二元结构。地下水埋深较浅，大约在 0.7～13.2m。

（3）河床、高漫滩区（Ⅲ区）

该区位于都兰河两岸，河水自北向南穿过希里沟镇东侧，注入都兰湖。为 SN 向条带状展布，与河流走向一致，南北长约 5.5km，东西宽约 0.7km。该区主要由都兰河的河床和高漫滩构成。根据钻孔资料揭示，地层自上而下主要有冲洪积相的卵石层、砂砾层、圆砾层等，局部夹有粉细砂层、中粗砂层等。地下水埋深约在 0.3～11m。

（4）东部山前风积堆积区（Ⅳ区）

该区位于工程场地东部阿移顶山的山前，地形由东向西倾斜。为 SN 向条带状展布，南北长约 5.5km，东西宽约 0.6km。根据钻孔资料揭示，地层上部具有较厚的粉细砂层，厚度约在 6～22m，下部为砾砂、圆砾、卵石，局部夹有中粗砂、粉土等。地下水埋深变化较大，南部 1.5m 见地下水，而北部钻孔最深 46m 未揭露地下水。

根据场地钻孔探测和剪切波速原位测试结果，判定 4 个分区场地类别均为Ⅱ类场地。

六、场地地震动参数确定

依据场地内地貌单元的划分及不同地貌分区内的钻孔地震反应分析结果，确定区划的地震动参数见表 8-2。

本报告所给出的年超越概率 10^{-4} 的地震动参数结果仅供参考。

表 8-2 乌兰县水平向设计地震动参数表

分区	超越概率水平	A_{max}/g	β_{max}	α_{max}	T_0/s	T_g/s	γ
Ⅰ区	$P_{50}=63\%$	0.055	2.7	0.148	0.1	0.50	0.9
	$P_{50}=10\%$	0.155	2.7	0.418	0.1	0.50	0.9
	$P_{50}=2\%$	0.295	2.7	0.796	0.1	0.55	0.9
	$P_1=0.01\%$	0.420	2.7	1.134	0.1	0.60	0.9

续表

分区	超越概率水平	A_{max}/g	β_{max}	α_{max}	T_0/s	T_g/s	γ
II区	P_{50}=63%	0.060	2.7	0.162	0.1	0.45	0.9
	P_{50}=10%	0.165	2.7	0.445	0.1	0.45	0.9
	P_{50}=2%	0.305	2.7	0.823	0.1	0.50	0.9
	P_1=0.01%	0.440	2.7	1.188	0.1	0.55	0.9
III区	P_{50}=63%	0.055	2.7	0.148	0.1	0.50	0.9
	P_{50}=10%	0.165	2.7	0.445	0.1	0.50	0.9
	P_{50}=2%	0.305	2.7	0.823	0.1	0.50	0.9
	P_1=0.01%	0.440	2.7	1.188	0.1	0.60	0.9

七、地震地质灾害分区评价

乌兰县地震小区划的工程场地，位于柴达木盆地北缘东端，北面为欧龙布鲁克台隆山地，南面为柴达木盆地北缘残山断褶带山地，东面为鄂拉山断褶带山地。工程场地根据乌兰县城市发展规划和防震减灾的需要，建设范围约37km²。项目区西起赛什克农场，东至东山山根，南起天然气输送管道，北至红土山根，东西长约7.2km，南北长约5.4km。地形呈东高西低、北高南低状，地面绝对高程为2897～2966m，相对高差为69.0m。场地地层主要由晚更新统—全新统杂填土、黄土状土、粉细砂、圆砾、卵石等组成。地下水埋藏深度0.3～32m。综合判定场地局部地区会发生砂土液化灾害，等级轻微—严重；都兰河东岸存在直立陡坎，在强地震动作用下可能发生崩塌灾害；乌兰盆地东缘断裂为全新世活动断裂，穿过工程场地东北角，发生强震时可引起断裂近地表形变；不具备产生地震滑坡、泥石流及软土震陷等地震地质灾害。

参考文献

[1] 中华人民共和国国家质量监督检验检疫总局、中国国家标准化管理委员会发布.中华人民共和国国家标准《工程场地地震安全性评价》(GB 17741—2005) [S].北京：中国标准出版社，2005.

[2] 中华人民共和国住房和城乡建设部、中华人民共和国国家质量监督检验检疫总局.建筑抗震设计规范（GB 50011—2010）[S].北京：中国建筑工业出版社，2010.

[3] 国家质量监督检验检疫总局.中国地震动参数区划图（GB 18306—2001）[S].北京：中国标准出版社，2001.

[4] 中华人民共和国国家质量监督检验检疫总局、中国国家标准化管理委员会发布.中国地震动参数区划图（GB 18306—2015）[S].北京：中国标准出版社，2016.

[5] 高孟潭.《中国地震动参数区划图》(GB 18306—2015)宣贯教材 [M].北京：中国标准出版社，2015.

[6] 国家地震局震灾防御司.中国历史强震目录（公元前 23 世纪—公元 1911 年）[M].北京：地震出版社，1995.

[7] 中国地震局监测预报司预报管理处.中国强地震目录（公元前 23 世纪—公元 2005 年），北京：地震出版社，2005.

[8] 国家地震局震害防御司.中国历史强震目录（公元 1912 年—1990 年 $M_\mathrm{S} \geqslant 4.7$），北京：中国科学技术出版社，1999.

[9] 谢富仁，等.中国大陆现代构造应力场与强震活动 [J].国际地震动态，2011，1（1）：4~12.

[10] 万永革.中国现代构造应力场 [J].世界地震译丛，2011，3：18~29.

[11] 卢寿德.《工程场地地震安全性评价》宣贯教材（GB 17741—2005）[M].北京：中国标准出版社，2006.

[12] 胡聿贤.《中国地震动参数区划图》宣贯教材（GB 18306—2001）[M].北京：中国标准出版社，2001.

[13] 胡聿贤.地震安全性评价技术教程 [M].北京：地震出版社，1999.

[14] 国家地震局兰州地震研究所.陕甘宁青四省（区）强地震目录 [M].西安：陕西科技出版社，1985.

[15] 国家地震局兰州地震研究所.甘肃省地震资料汇编 [M].北京：地震出版社，1989.

[16] 谭其骧.中国历史地震图集（第五册）[M].北京：地图出版社，1982.

[17] 杨天锡、刘百篪、姚俊仪，等.1927 年 5 月 23 日古浪 8 级地震烈度分布图及地震特征 [J].防灾减灾学报，1991，1：59~67.

[18] 戴华光.1927 年古浪 8 级地震 [M].见：国家地震局地质研究所、国家地震局兰州地震研究所.祁连山—河西走廊活动断裂系.北京：地震出版社，1993.

[19] 青海省地震局.1990 年 4 月 26 日共和 6.9 级地震考察研究报告，1990.

[20] 顾功叙.中国地震目录 [M].北京：科学出版社，1983.

[21] 张肇诚.1988.中国震例（1966—1975）[M].北京：地震出版社.

[22] 青海省地震局.青海省共和盆地强震发生机制研究，1997.

[23] 青海省地震局预报研究室.青海省地震等震线图集，1990.

[24] 甘肃省地震局预报研究室.甘肃省地震等震线图集，1987.

[25] 汪素云、高阿甲、冯义钧，等.中国地震目录间的对比及标准化 [J].地震，2010，2：38~45.

[26] 国家地震局地震区划图编委会.中国地震综合等震线图（中国地震区划图专题图之三，1：400 万）[M].北京地震出版社，1991.

[27] 蒋溥、戴丽思.工程地震学概论 [M].北京：地震出版社，1993.

[28] 青海省地质矿产局.区域地质调查报告 [R].1969.

[29] 马杏垣，等.中国岩石圈动力学纲要 [M].北京：地质出版社，1987.

[30] 任纪舜，等.中国大地构造及其演化 [M].北京：科学出版社，1983.

[31] 张肇诚.中国震例（1966—1975）[M].北京：地震出版社，1988.

[32] 郑文俊、张培震、袁道阳，等.GPS 观测及断裂晚第四纪滑动速率所反映的青藏高原北部变形 [J].地球物理学报，2009，10.

[33] 国家技术监督局、中华人民共和国建设部.《地基动力特性测试规范》(GB/T 50269—97)[S].北京：中国标准出版社，1997.

[34] 《场地微振动测量技术规程》CECS 74:95.

[35] 中国地震局.中华人民共和国地震行业标准《活动断层探测》(DB/T 15—2009）[S].北京：地震出版社，2009.

[36] 段水强、吴秀琴.2005.德令哈盆地水资源潜力开发分析 [J].青海科技，2005，2（2）：13~15.

[37] 樊启顺、赖忠平、刘向军，等.晚第四纪柴达木盆地东部古湖泊高湖面光释光年代学 [J].地质学报，2010，11：1652~1660.

[38] 甘贵元、严晓兰、赵东升，等.柴达木盆地德令哈断陷石油地质特征及勘探前景 [J].石油实验地质，2006，28（5）：499~503.

[39] 甘贵元、姚熙涛、陈海涛.柴达木盆地德令哈断陷油气运聚特征 [J].新疆石油地质，2007，3：279~281.

[40] 郭少斌、陈成龙.利用米兰科维奇旋回划分柴达木盆地第四系层序地层 [J].地质科学情报，2007，26（4）：27~30.

[41] 孙镇城、乔子真、景明昌，等.柴达木盆地七个泉组和第四系－新近系的分界 [J].石油与天然气地质，2006，27（3）：422~432.

[42] 杨用彪、孟庆泉、宋春晖，等.柴达木盆地东北部新近纪构造旋转及其意义 [J].地质论评，2009，55（6）：775~782.

[43] 张西营、马海州、韩凤清，等.德令哈盆地尕海湖 DG03 孔岩芯矿物组合与古环境变化 [J].沉积学报，2007，25（5）：766~773.

[44] 中国石油地质志编辑委员会.中国石油地质志——青海油气区 [M].北京：石油工业出版社，1990.

[45] 青海省地质矿产局.西北地区区域地层表——青海分册 [M].北京：地质出版社，1990.

[46] 郭安林、张国伟、强娟，等.青藏高原东北缘印支期宗务隆造山带 [J].岩石学报，2009，25（1）：1~12.

[47] 郝国杰、陆松年、王惠初，等.柴达木盆地北缘前泥盆纪构造格架及欧龙布鲁克古陆块地质演化 [J].地学前缘，2004，11（3）：98~102.

[48] 潘桂棠、李兴振、王立全，等.青藏高原及邻区大地构造单元初步划分 [J].地质通报，2002，21（11）：701~707.

[49] 强娟、郭安林、孙延贵，等.宗务隆构造带花岗岩地球化学特征及意义 [J].西北大学学报（自然科学版），2007，37（168）：98~102.

[50] 青海省地质矿产局.青海省岩石地层 [M].北京：中国地质大学出版社，1997.

[51] 袁道阳、张培震、刘小龙，等.青海鄂拉山断裂晚第四纪构造活动及其所反映的青藏高原东北缘的变形机制 [J].地学前缘，2004，11（4）：393~402.

[52] 王惠初、陆松年、莫宣学，等.柴达木盆地北缘早古生代碰撞造山系统 [J].地质通报，2005，24（7）：603~612.

[53] 刘小龙、袁道阳 . 青海德令哈巴音郭勒河断裂带的新活动特征 [J]. 西北地震学报，2004，26（4）：303~308.

[54] 孙长虹、钱荣毅、肖国林 . 2003 年青海德令哈地震序列的重新定位和发震构造 [J]，物探与化探，2006，30（1）：79~82.

[55] 马杏垣 . 中国岩石圈动力学地图集 [M]. 北京：地质出版社，1987.

[56] 邓起东、冉永康、杨晓平 . 中国活动构造图（1：400 万）[J]. 北京：地震出版社，2007.

[57] 叶建青、沈军、汪一鹏，等 . 柴达木盆地北缘的活动构造 . 活动断裂研究 [M]. 见：《活动断裂研究》编委会 . 活动断裂研究理论与应用（5）. 北京：地震出版社，1996.

[58] 刘林、宋哲、宋宪生，等 . 柴达木盆地北缘中新生代地质构造演化与砂岩型铀成矿关系 [J]. 东华理工大学学报（自然科学版），2008，31（4）：306~312.

[59] 王桂宏、谭彦虎、陈新领，等 . 新生代柴达木盆地构造演化与油气勘探领域 [J] . 石油地质，2006，11（1）：80~84.

[60] 高先志、陈发景、马达德，等 . 中、新生代柴达木北缘的盆地类型与构造演化 [J]. 西北地质，2003，36（4）：16~24.

[61] 袁道阳、张培震、刘百篪，等 . 青藏高原东北缘晚第四纪活动构造的几何图像与构造转换 [J]. 地质学报，2004，11（4）：393~402.

[62] 戴俊生、曹代勇 . 柴达木盆地新生代构造样式的演化特点 [J]. 地质评论，2000，46（5）：455~460.

[63] 戴俊生、曹代勇 . 柴达木盆地构造样式的类型和展布 [J]. 西北地质科学，2000，21（2）：57~63.

[64] 杨超、陈清华、任来义，等 . 柴达木盆地构造单元划分 [J]. 西南石油大学学报（自然科学版），2012，34（1）：25~33.

[65] 邓起东 . 断层形状、盆地类型及其形成机制 [J]. 地震科学研究，1984，4：57~64.

[66] 丁国瑜 . 有关青藏高原活动构造的一些问题 [J]. 西北地震学报，1988，10（增刊）：1~11.

[67] 丁国瑜、田勤俭，等 . 活断层分段 [M]. 北京：地震出版社，1993.

[68] 李吉均，等 . 青藏高原隆起的时代，幅度和形式的探讨 [J]. 中国科学，1979，6：608~616.

[69] 李吉均 . 青藏高原隆起的三个阶段及夷平面的高度和年龄 [M]. 见：中国地理学会地貌与第四纪专业委员会 . 地貌·环境·发展 . 北京：中国环境科学出版社，1995.

[70] 马杏垣 . 解析构造学 [M]. 北京：地质出版社，2004.

[71] 程绍平 . 断错阶地水平位移量确定的一个理论问题 [M]. 见：《活动断裂研究》编委会 . 活动断裂研究（1）. 北京：地震出版社，1991.

[72] 杨景春，等 . 断层水平运动与流水地貌系统的变异 [M]. 见：中国地理学会地貌与第四纪专业委员会 . 地貌·环境·发展 . 北京：中国环境科学出版社，1995.

[73] 杨景春 . 地貌学教程 [M]. 北京：高等教育出版社，1985.

[74] 钟大赉、丁林 . 青藏高原的隆起过程及其机制探讨 [J]. 中国科学（D 辑），1996，26（4）：289~295.

[75] 袁道阳、刘小龙、张培震，等 . 青海乌兰盆地东缘断裂带的新活动特征 [J]. 地震研究，2003，26（3）：265~270.

[76] 青海省地质局 . 《区域地质调查报告》乌兰幅，（1：20 万），1978.

[77] 中国地质调查局 . 《区域地质调查报告》都兰县幅，（1：25 万），2004.

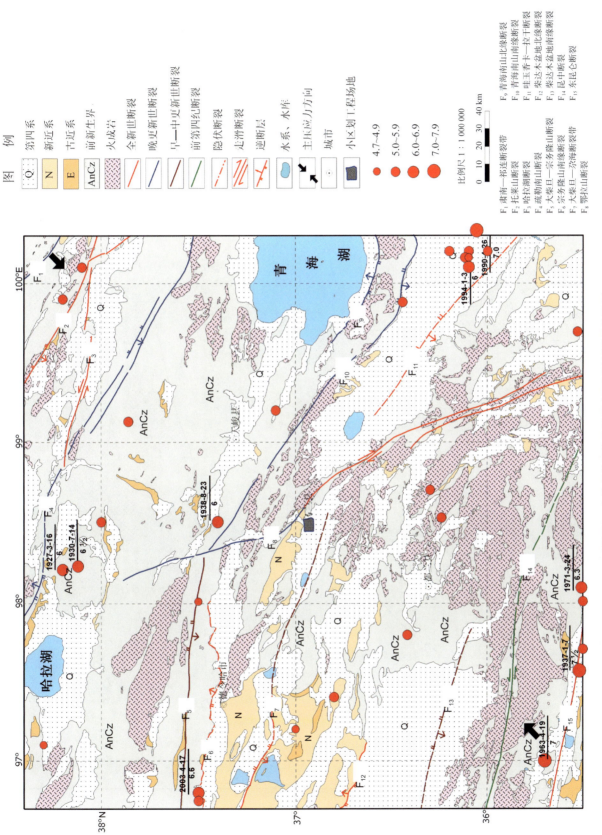

附图1 乌兰县希里沟镇地震小区域地震构造图

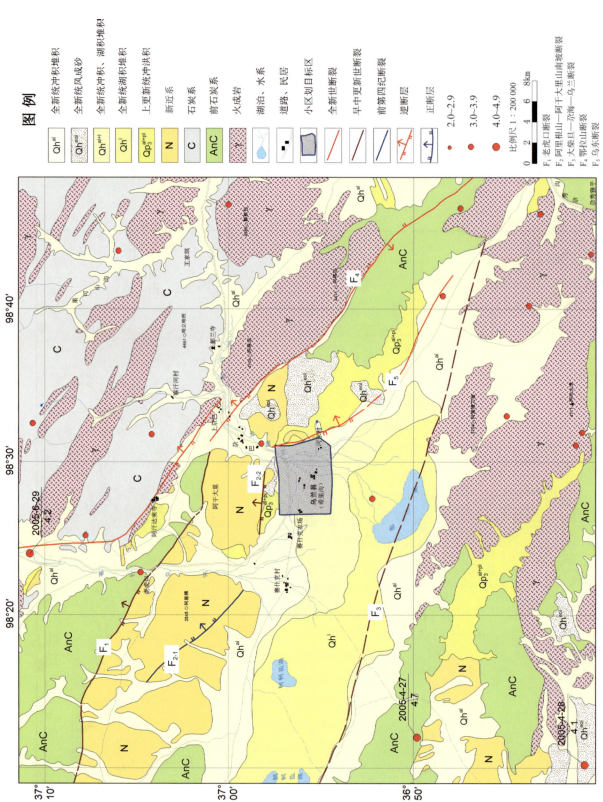

图 例

Qh^{al}	全新统冲积堆积
Qh^{eol}	全新统风成砂
Qh^{al+l}	全新统冲积、湖积堆积
Qh^{l}	全新统湖积堆积
Qp$_3$$^{al+pl}$	上更新统冲洪积
N	新近系
C	石炭系
AnC	前石炭系
γ	火成岩
	湖泊、水系
	道路、民居
	小区划目标区
	全新世断裂
	早中更新世断裂
	前第四纪断裂
	逆断层
	正断层
●	2.0~2.9
●	3.0~3.9
●	4.0~4.9

比例尺 1:200 000

0 2 4 6 8km

F$_1$ 老虎口断裂
F$_2$ 阿里根山—阿干大里山南坡断裂
F$_3$ 大柴旦—尔海—乌兰断裂
F$_4$ 鄂拉山断裂
F$_5$ 乌东断裂

附图 Ⅱ 乌兰县希里沟镇地震小区划近场区地震构造图

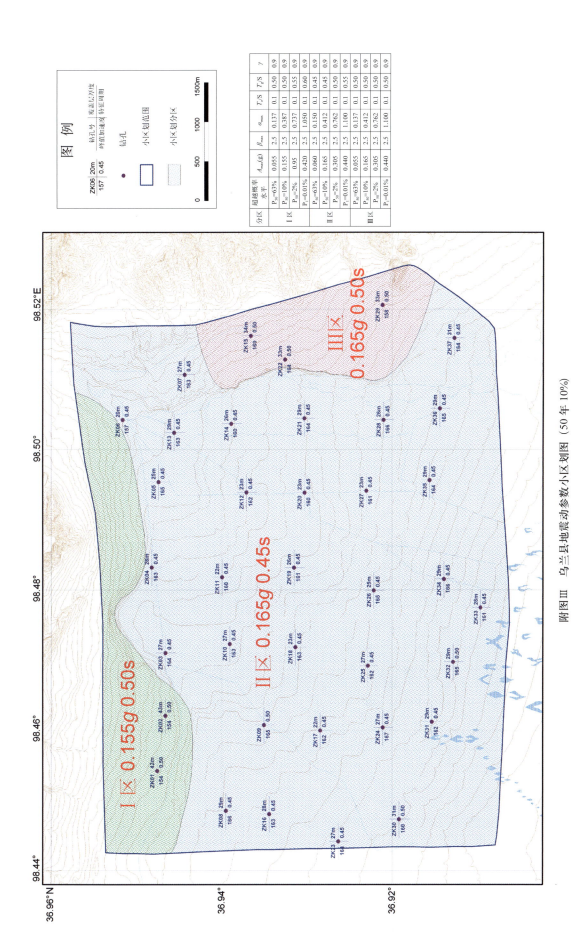

附图Ⅲ 乌兰县地震动参数小区划图（50年10%）

分区	超越概率水平	$A_{max}(g)$	β_{max}	α_{max}	T_0/S	T_g/S	γ
Ⅰ区	$P_{50}=63\%$	0.055	2.5	0.137	0.1	0.50	0.9
	$P_{50}=10\%$	0.155	2.5	0.387	0.1	0.50	0.9
	$P_{50}=2\%$	0.95	2.5	0.737	0.1	0.55	0.9
	$P_1=0.01\%$	0.420	2.5	1.050	0.1	0.60	0.9
Ⅱ区	$P_{50}=63\%$	0.060	2.5	0.150	0.1	0.45	0.9
	$P_{50}=10\%$	0.165	2.5	0.412	0.1	0.45	0.9
	$P_{50}=2\%$	0.305	2.5	0.762	0.1	0.50	0.9
	$P_1=0.01\%$	0.440	2.5	1.100	0.1	0.55	0.9
Ⅲ区	$P_{50}=63\%$	0.055	2.5	0.137	0.1	0.50	0.9
	$P_{50}=10\%$	0.165	2.5	0.412	0.1	0.50	0.9
	$P_{50}=2\%$	0.305	2.5	0.762	0.1	0.50	0.9
	$P_1=0.01\%$	0.440	2.5	1.100	0.1	0.50	0.9

图 例

ZK06 20m 钻孔号 覆盖层厚度
157 0.45 峰值加速度 特征周期

● 钻孔

▭ 小区划范围

▨ 小区划分区

0 500 1000 1500m

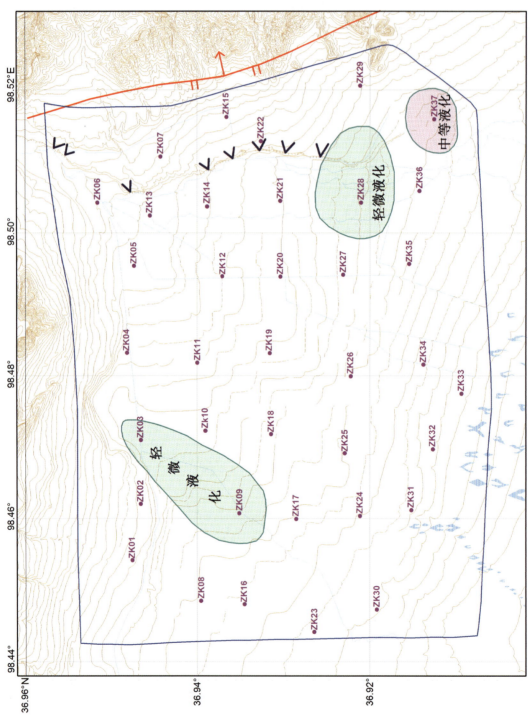

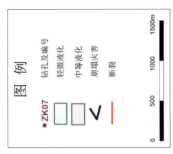

图 例

ZK07 钻孔及编号
轻微液化
中等液化
崩塌灾害
断裂

0 500 1000 1500m

附图Ⅳ 乌兰县地震地质灾害小区划图（50 年 10%）

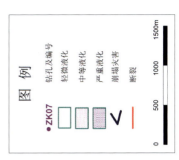

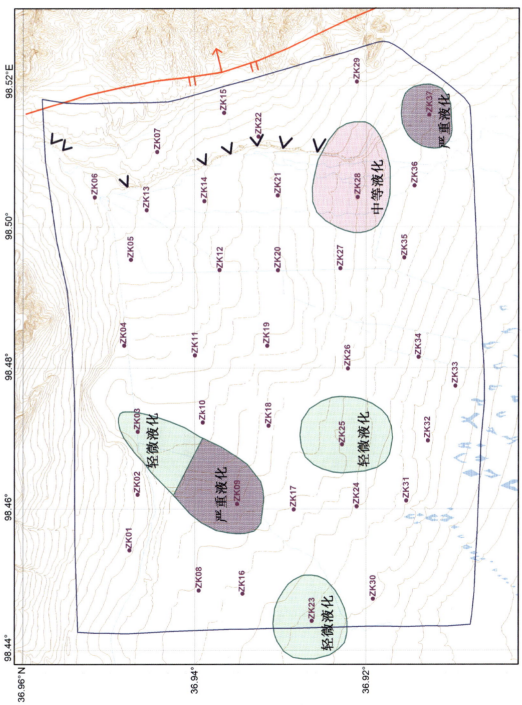

附图Ⅴ　乌兰县地震地质灾害小区划图（50年2%）

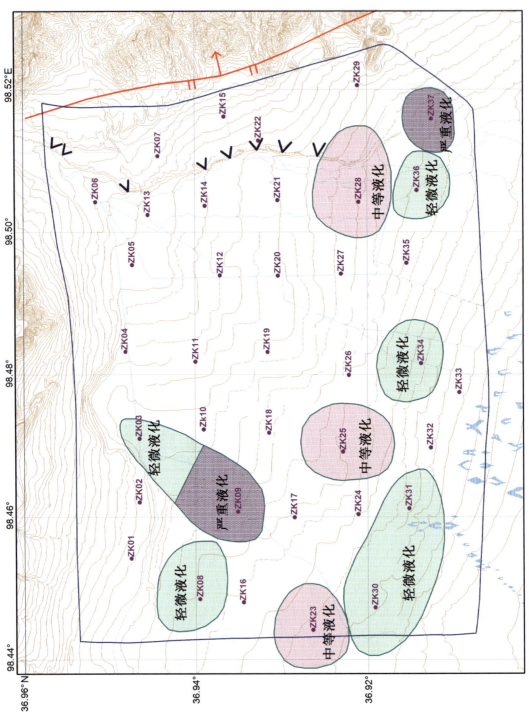

附图Ⅵ 乌兰县地震地质灾害小区划图（50年0.01%）

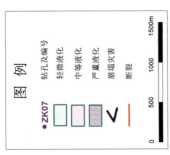